Gharb Ali

L'adaptation aux conditions climatiques extrêmes en Tunisie

Gharb Ali

L'adaptation aux conditions climatiques extrêmes en Tunisie

Cas des fortes chaleurs

Éditions universitaires européennes

Impressum / Mentions légales

Bibliografische Information der Deutschen Nationalbibliothek: Die Deutsche Nationalbibliothek verzeichnet diese Publikation in der Deutschen Nationalbibliografie; detaillierte bibliografische Daten sind im Internet über http://dnb.d-nb.de abrufbar.

Information bibliographique publiée par la Deutsche Nationalbibliothek: La Deutsche Nationalbibliothek inscrit cette publication à la Deutsche Nationalbibliografie; des données bibliographiques détaillées sont disponibles sur internet à l'adresse http://dnb.d-nb.de.

Coverbild / Photo de couverture: www.ingimage.com

Verlag / Editeur:
Éditions universitaires européennes
ist ein Imprint der / est une marque déposée de
OmniScriptum GmbH & Co. KG
Heinrich-Böcking-Str. 6-8, 66121 Saarbrücken, Deutschland / Allemagne
Email: info@editions-ue.com

Herstellung: siehe letzte Seite /
Impression: voir la dernière page
ISBN: 978-613-1-59200-3

INTRODUCTION

La Tunisie se caractérise par une diversité de climats régionaux et locaux influencés par la présence du relief et la distance par rapport à la mer. Pendant l'été, les températures moyennes atteignent des records exceptionnels. L'été est également la saison des fortes chaleurs intenses qui constituent un risque pour la santé humaine.

La contrainte thermique est l'une des anomalies climatiques caractérisant la région méditerranéenne qui est considérée comme un espace de transition entre le climat tempéré et le climat saharien (Rajhi M, 1994), avec un été dominé par des anticyclones. L'apparition des situations chaudes exceptionnelles, due aux blocages atmosphériques (Rajhi M, 1994) et les situations météorologiques extrêmes et sévères perturbent l'activité humaine et donne des catastrophe sur la santé.

La vie des êtres vivants est réglée par le climat, mais l'homme depuis un peu plus d'un siècle a modifié le climat par les activités qui ont changé la composition chimique de l'atmosphère par l'utilisation des combustibles, qui augmente l'effet de serre. L'homme entraine une hausse de température qui engendre des changements climatiques globaux et qui ont eu des incidences importantes sur le système socio-économique.

En fait, les phénomènes extrêmes sont très liés aux changements observés au cours des dernières années, ces phénomènes battent des records surtout lors de l' «invasion » thermique estivale. En plus, depuis cinquante ans, des indices de changement pour différents type d'événements climatiques extrêmes ont été détectés dans le monde (Goubanova K, 2007).

Face aux conditions climatiques anormales, l'homme, n'a à ce jour que s'adapter. Notre étude se situe dans le contexte d'adaptation aux conditions climatiques extrêmes, et essentiellement les fortes chaleurs qui caractérisent la saison estivale de la Tunisie. D'où les conditions extrêmes sont attendues à laisser un impact sur la société humaine. Elles devraient également donner une réponse générale à s'adapter et d'atténuer les souffrances associés a ces extrêmes.

Qu'en est-il de ces recherches pour la Tunisie ?

La rareté des études bioclimatiques inhérentes à l'adaptation de l'homme faces aux fortes chaleurs en Tunisie, l'absence des seuils de vigilance et les comportements d'adaptation ont aussi orienté notre choix pour l'étude d'adaptation aux conditions climatiques extrêmes en Tunisie, notamment les fortes chaleurs.

Quelles sont les objectifs escomptés de cette étude ?
Quelle problématique et quelles hypothèses a-t-on développé ?

La présente étude cherche à examiner les modes d'adaptation aux fortes chaleurs en Tunisie. Elle cherche également à analyser les nuances régionales d'adaptation. Dans la même région, il est également question de prospecter les écarts locaux (entre les délégations), ce qui permet d'appréhender l'effet des conditions socio-économiques. La chaleur peut provoquer des inconforts allant d'une grande faiblesse, aux troubles de la conscience, à des syncopes et des coups de chaleur pouvant s'avérer mortels (ORSN[1], 2009). Les jours de forte chaleur et même les nuits sont des épisodes d'inconfort thermique pour l'homme.

La vulnérabilité humaine face aux périodes de forte chaleur varie selon les conditions géographiques. En l'occurrence, dans le sud Saharien, la population affronté la plus grande fréquence d'épisodes de chaleur en Tunisie. Du fait de cette accoutumance, cette population dispose des plus grandes capacités

---

[1] ORSN : Observatoire Régional de la Santé Nord – Pas- de –Calais.2009

2

d'adaptation. Une enquête menée dans certaines régions de la Tunisie permet de fignoler l'analyse à l'échelle individuelle.

En effet, l'adaptation à un coût climatique très important, l'homme cherche son équilibre entre un phénomène climatique sévère et un coût plus sévère, ce qui fait entrainer une autre façon d'adaptation : c'est l'adaptation économique pour qu'il assure la protection de sa santé.

Ces objectifs à atteindre ont déterminé notre problématique de base, les hypothèses que nous cherchons à vérifier.

L'hypothèse essentielle part de l'idée courante qu'il existe une relation entre les fortes chaleurs et la surmortalité. Cette relation n'est pas systémique, elle varie selon les régions. Elle est influencée par le mode de vie et le comportement d'adaptation :

La capacité d'adaptation aux fortes chaleurs selon les différents facteurs ;

Les modes d'adaptation artificielle aux fortes chaleurs ;

Les moyens de lutte contre les fortes chaleurs : variation géographique ;

Ici se pose la question de coût climatique d'adaptation, d'où, les besoins énergétiques renforcés pendant l'été à cause de l'utilisation de climatisation.

PREMIER CHAPITRE : TYPOLOGIE DES RISQUES DES FORTES CHALEURS

I - Risques des fortes chaleurs

I.1 - Qu'est ce qu'une vague de chaleur

D'après l'organisation météorologique mondiale (OMM), une vague de chaleur se définir comme : « un réchauffement important de l'air, ou une invasion d'air très chaud sur un vaste territoire, généralement de quelques jours à quelques semaines » (Cantat O, 2005). Mais cette définition diffère de la définition proposée par météo France: une vague de chaleur est une période au cours de la quelle la température maximale dépasse 30 °C. Pour les Américains, il s'agit d'une période au cours de laquelle la température maximale dépasse 32,2°C pendant trois jours consécutifs (Santé Publique, 2011).

Les vagues de chaleur sont des phénomènes extrêmes stressants pour la santé de l'homme, pour cette raison l'étude de cette situation extrême doit être approfondie (Eccourrou G, 1996), car le climat varie d'une région à une autre et d'une année à une autre. Dans une telle condition climatique le seuil de confort thermique ne jamais le même entre les personnes.

En Tunisie, le climat est de tendance douce en hiver et chaude en été. L'appréciation de la chaleur ne peut pas être jugée sous le même angle pour toutes les régions. De ce fait, aucune des définitions et des méthodes appliquées ailleurs aux fortes chaleurs ne peut être transposée intégralement au contexte climato-thermique tunisien. L'article de fortes chaleurs et surmortalité en Tunisie (Ben Boubaker H et Chahed M K 2010) défini deux types d'approches: Une **approche « relative »** des fortes chaleurs, qui se rapporte aux températures moyennes observées dans chaque station. Les seuils « relatifs » de chaleur se réfèrent au climat thermique moyen et considèrent par conséquent les aspects d'acclimatation locale. Cette approche s'avère pertinente quand il s'agit d'analyser les niveaux de chaleur au sein d'une même station, comme c'est le cas à Siliana (Ben Boubaker H, 2009) ou Tunis (Ben Boubaker, 2010). Toutefois, cette méthode est peu concluante dès qu'il s'agit de comparer deux stations ou plus. En effet, l'application d'un seuil statistique identique (tel que le 3ème quartile, 9ème décile, …) pour une période d'observation commune dans plusieurs stations dégage forcément un effectif de jours de fortes chaleurs toujours égal. Les seuils de chaleur variant d'une station à une autre, laisse croire par exemple que les vagues de chaleur sont plus fréquentes au Kef, station montagneuse de la Tunisie tellienne, qu'à Tataouine ou Gabès, situées au sud saharien de la Tunisie (Kortli M, 2009).

Figure 1 : Représentation schématique des seuils relatifs de chaleur estivale à Tunis-Carthage (période de référence : 1950-2007).

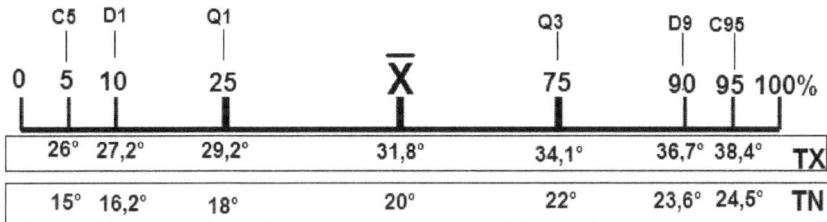

TX : Seuils statistiques des températures quotidiennes maximales diurnes observées en été (juin, juillet, août) entre 1950-2007
TN : Seuils statistiques des températures quotidiennes minimales nocturnes observées en été (juin, juillet, août) entre 1950-2007

Source: Ben Boubaker H, 2010

Une **approche « absolue »,** fondée sur des seuils statiques, qui se réfèrent à des normes physiologiques de la chaleur. Le point de départ pour la définition de ces fortes chaleurs est le point d'intersection entre 33°C pour (TX) et 20°C pour la (TN). Autrement dit, les jours de forte chaleur en Tunisie sont ceux où TX>33°C et TN≥20°C (Ben Boubaker H et Chahed M K, 2010). Le premier seuil (33°C pour les TX) correspond à la température ordinaire de la peau. Dès que la température de l'air ambiant dépasse ce seuil, l'organisme commence à éprouver une sensation de gêne et des difficultés d'adaptation, quels que soient les autres facteurs d'ambiance (humidité, vent, insolation..). Bien entendu, les bornes supérieures de la chaleur ne peuvent être arrêtées (figure 1). En revanche, les jours où les TN descendent en deçà de 20°C ont été exclus de la gamme des fortes chaleurs, puisqu'ils donnent la possibilité d'un répit nocturne.

Difficile de déterminer la notion précise de la vague de chaleur, en particulier pour les zones soumises à l'influence de plusieurs facteurs climatique. Les zones à l'intérieur des terres ont des étés plus chauds et des hivers plus froids que celles qui bénéficient des effets adoucissants de la mer. Chaque région se caractérise par un cadre géographique favorise ou limitant l'ambiance thermique estivale sous l'effet du site et de l'exposition.

Pour définir les fortes chaleurs, (Beniston et Stephenson, 2004) proposent trois définitions du phénomène :

-Définition basée sur la rareté d'un phénomène climatique selon la **fréquence** d'occurrence.

-Une autre basée sur l'**intensité**.

-Enfin on peut introduire la notion d'**impact** et s'appuyer sur les dégâts socio-économiques.

Dans un contexte de réchauffement climatique, il ya deux alternatives, soit la **lutte** contre les causes, soit l'**adaptation** à ses effets incontournables. Devant ses variabilités climatiques « l'homme doit appréhender cette variabilité essentiellement en fonction des paroxysmes pour pouvoir les maitriser et éviter les conséquences désastreuses qu'ils peuvent engendrer » (Escourrou G, 1996).

I.2 - Les fortes chaleurs en Tunisie : Etat de la question

Les vagues de chaleur sont des situations météorologiques paroxystiques connues depuis très longtemps pour entrainer des effets négatifs sur l'agriculture, l'économie et même des effets sur la santé de l'homme parfois mortels. Si les premières études anglaises cherchant à déterminer l'influence des phénomènes météorologiques sur la mortalité et notamment l'effet de la température, datent les années 1840 (William G et Cantab M, 1843), les premières études européennes sur l'effet des vagues de chaleur, publiées dans des revues scientifiques, datent des années 1970 (Tout D G, 1980). Elles concernent en France notamment les vagues de chaleur de 1976 et de 1983 (Valleron A J V et Boumendil A, 2004). Aux Etats-Unis, la prise de conscience du phénomène est beaucoup plus ancienne puisque les premières études datent des années 1880, les premières publications relatives aux effets des vagues de chaleur sur la mortalité datent des années 1920 (Huntington et Ellsworth, 1930). Dans la revue Environnement Risques et santé de septembre 2002, Jean-Pierre Besancenot rappelle quelques exemples de vague de chaleur et la surmortalité chez les âgés.

L'été 2003 la France a connu une intense canicule d'une durée exceptionnelle, qui a causé un grand nombre de décès de l'ordre de 15 000 personnes pendant les trois premières semaines d'août. Suite à cette hécatombe dramatique, un grand nombre d'études et de rapports ont vu le jour pour cerner l'origine d'un tel désastre et aussi la comparer à d'autres canicules antérieures qui ont touché la France dans les années 1976, 1983 et 1994 (Valleron A J V et Boumendil A, 2004). Beaucoup des recherches faites pour étudier l'association entre la morbidité (ressenti et réelle) et les différentes variables explicatives sociodémographiques, autonomie, état de santé, habitat et comportements d'adaptation.

En Tunisie, l'impact des fortes chaleurs en termes de morbidité et d'intensité ayant été peu étudié. Ben Boubaker 2009, a fait une démarche statistique des observations thermométriques quotidiennes doublée d'une analyse topo géographique de la station de Siliana pour répertorier l'intensité et la fréquence des vagues de chaleur. Le climat de la Tunisie est caractérisé par une grande variabilité, il est difficile de définir les paroxysmes thermiques en question de vague de chaleur. Il est également difficile de déterminer les seuils de ces paroxysmes (Ben Boubaker, 2010).

Il existe donc une forte variabilité inter régionale incomplètement expliquée actuellement dans les effets sanitaires d'une vague de chaleur. Ce qui nous concerne c'est l'adaptation aux conditions climatiques extrêmes et essentiellement les cas des fortes chaleurs. Il y a quelques travaux qui ont traité le sujet, mais n'ont pas analysé la réaction de l'homme face aux conditions climatiques difficiles.

Mais toutes ces recherches sont centrées sur les données statistiques et restent dans le contexte physique des phénomènes météorologiques.

À cette fin, nous avons choisi de discuter la question d'adaptation et les différents comportements de lutte contre les vagues de chaleur en Tunisie.

Il sera possible d'identifier dans chaque région un seuil thermique conduisant à des comportements d'adaptation. Le fait que l'optimum thermique varie selon le contexte géographique et thermique plaide en faveur d'un phénomène adaptatif qui est actuellement non quantifié. Des différences notables en matière d'habitat sont susceptibles de jouer un rôle important dans ces différences d'optimum thermique.

I.3 - Quels sont les effets des excès de chaleur sur la santé ?

L'exposition d'un individu à une température environnementale élevée peut entraîner des réactions plus ou moins graves de l'organisme. Au maximum, survient le coup de chaleur, urgence médicale rapidement mortelle en l'absence de traitement. Par ailleurs, la chaleur peut aggraver une maladie déjà installée ou contribuer à la déclencher.

I.3.1- Le cout de chaleur

Cet accident est la conséquence de l'accumulation dans l'organisme d'un excès de calories lié à un déséquilibre de la thermorégulation. Il représente la forme majeure des agressions climatiques lorsque la température ambiante reste élevée. Dès que l'organisme commence à stocker de la chaleur, le contenu calorique corporel augmente et la température s'élève (INPES[2], 2007).

Il ya deux formes de coup de chaleur :

Le coup de chaleur classique qui survient de façon épidémique en dehors de tout effort dans des ambiances anormalement chaudes, dû à une surcharge thermique exogène par défaut de thermolyse (Andre S *et al.*, 2007).

Le coup de chaleur d'exercice survenant au cours d'un effort intense et prolongé, lié à une surcharge thermique endogène par excès de thermogénèse. Si l'élévation de la température est directement en cause, ou la population vulnérable est la première à être touchée, d'autres facteurs liés au mode de vie, à l'état de santé et aux traitements suivis interviennent dans l'installation du coup de chaleur.

I.3.2 - Epuisement dû à la chaleur

Ce phénomène survient après plusieurs journées très chaudes. La transpiration abondante réduit la quantité d'électrolytes et de sels dans l'organisme. L'épuisement dû à la chaleur se caractérise par des vertiges, des évanouissements, de la fatigue, de l'insomnie ou une agitation nocturne inhabituelle.

I.3.3 - Insolation

Elle est due à l'impact direct du soleil sur la tête et survient surtout chez les enfants qui ont été exposés en plein soleil lors d'une forte chaleur. En particulier ceux qui travaillent à la chaleur, ou les métiers dans lesquels l'homme était le plus exposé des ambiances thermiques chaudes (Martinet C et Meyer J-P, 1999).

---

[2] INPES : Institut National de Prévention et d'Education pour la Santé.

L'insolation se caractérise principalement par des maux de tête violents, un état de somnolence avec perte éventuelle de conscience, une fièvre élevée et, parfois, des brûlures cutanées superficielles.

L'accroissement concomitant de la température atmosphérique et l'humidité montrent quelques-unes des maladies qui affligent la population durant cette période qui s'étend sur plusieurs mois.

L'exposition à la chaleur peut conduire à des pathologies et à une perturbation de thermorégulation. La sudation abondante prolongée provoque un déficit ionique, une déshydratation, qui exerce une perte hydrique (Baillouil, 2007).

I.3.4. Infection alimentaire

Parmi les complications les plus graves pour la santé qui résultent de la hausse soudaine de la température : la pollution des aliments qui n'ont pas été bien réservés et qui conduisent souvent à des cas mortels d'intoxication. De même, l'effet de la forte chaleur sur les activités microbiennes, les maladies infectieuses d'origine alimentaire jouent un rôle important en termes de morbidité dans la population générale.

I.4 - Les facteurs de risques sur la santé liés aux fortes chaleurs

I.4.1- Les facteurs atmosphériques (la température et l'humidité)

L'exposition à une température journalière élevée pendant une période prolongée est susceptible d'entraîner de graves complications par défaut de régulation thermique du corps humain. La température nocturne élevée persistante entraîne un malaise et empêche l'organisme déjà affaibli de récupérer.

L'impact de la chaleur sur la santé est lié aussi au niveau d'humidité de l'air. Des taux d'humidité élevés peuvent influencer la sensation de fortes températures et accentuer la gêne ressentie (Besancenot, 2002).

I.4.2. Les facteurs individuels

Se sont des facteurs liés aux personnes : l'âge, le sexe de l'individu et le poids. Un sujet âgé, fragilisé par la maladie, devient plus vulnérable face aux fortes chaleurs. Les très jeunes enfants sont également à risque : l''exposition au soleil ou dans une atmosphère confinée et surchauffée (voiture, chambre sans aération) peut conduire au coup de chaleur surtout en l'absence d'hydratation correcte.

 Parmi les autres facteurs de risques retrouvés étaient le sexe, d'où les hommes ayant un risque plus élevée de décéder que les femmes.

I.4.3 - Les facteurs liés à l'environnement

I.4.3.1- L'habitat

Dans une ville, les émissions de chaleur ne sont pas les mêmes que dans les zones inhabitées, sans compter l'apport de chaleur dû à l'homme. Les personnes résidant dans les villes avaient également plus de risque de décéder que les autres. La surmortalité due à la chaleur se concentre dans les grandes villes (Besancenot, 2002 ; Ben Boubaker, 2010). L'orientation et l'exposition de l'habitat est importente, le fait d'avoir une chambre orientée vers le sud ou une ouverture (fenêtres) vers le sud étaient des facteurs de risques.

I.4.3.2- L'effet du site

Les caractéristiques topoclimatiques et géographiques, telles que l'altitude et la proximité de la mer, influencent les données thermométriques.

I.4.4- Les facteurs liés à la physiologie et au mode de vie

I.4.4.1- Le lieu de travail

Les facteurs liés au poste de travail : « l'exécution de taches pénibles, l'insuffisance de pauses de récupération, l'accentuation de l'exposition à la chaleur par un travail extérieur en plein soleil […] à proximité de sources de chaleur ou dans une ambiance humide, l'utilisation d'équipement de protection non adapté à la chaleur » (Baillouil, 2007).L'exposition à la chaleur est toujours un facteur de risque.

I.4.4.2- L'habillement

Lors des fortes chaleurs, les vêtements lâches permettent l'évaporation par la sueur. L'habillement amples en coton et de couleurs clair, favorisent la réflexion des rayonnements solaire.

I.4.4.3 - l'alimentation

Parmi les facteurs de risque, la contamination des aliments par des micro-organismes pathogènes, au niveau de la production, transformation et distribution lors d'une vague de chaleur. La température est un facteur important pour le développement et la survie des micro-organismes et en particulier les bactéries.

I.5 - **Approche biothermique de définition des fortes chaleurs**

Le paroxysme thermique est de plus en plus intense et sévère. Il mérite d'une recherche plus profonde, d'où ses conséquences sont mortelles comme le cas des années 1998, 2003,2006 (Ben Boubaker et Chahed M K, 2010). Il construit un risque majeur sur la vie de l'homme lorsque la catastrophe touche tous les secteurs économiques. Ben Boubaker 2010, met l'accent sur les critères adoptés pour identifier le paroxysme thermique en Tunisie tels que le seuil, les dommages liés à la chaleur, et la relation entre le seuil et les dégâts en fonction de différents facteurs socio-économiques.

La « perception humaine» de la chaleur varie d'un homme à l'autre et d'une région à une autre, notant que la Tunisie se caractérise par des contrastes climatique. Parmi les indices utilisés pour identifier les catégories de la chaleur en Tunisie, nous citons l'indice : THI et l'indice Humidex, malgré certaines critiques (Alouane 2002 ; Henia et Alouane, 2007 et 2009).

I.5.1- L'effet combiné de la température et de l'humidité de l'air : Les indices THI et Humidex

L'indice THI de Thom (*Temperature Humidity Index*) combine la température et l'humidité de l'air. Il se calcule selon la formule suivante :

$$THI = T - [(0,55 - 0,0055 . U) . (T - 14,5)]$$

Avec T : température de l'air en °C, et U : humidité relative en %.

Les ambiances définies par le THI se classent alors selon différents critères (tableau 1).

Tableau 1: Typologie des ambiances biothermiques selon l'indice de Thom (Temperature Humidity Index)

THI *(Indice de Thom, en °C)*	Ambiance
THI ≥ 30	Torride
29,9 à 26,5	Très chaud
26,4 à 20,0	Chaud
19,9 à 15,0	Confortable
14,9 à 13	Frais
12,9 à -1,7	Froid
-1,8 à -9,9	Très froid
THI ≤ -10	Extrêmement froid

Source : BEN BOUBAKER 2010(9)

Cet indice valable pour les régions à forte humidité, et ne donne pas des bons résultats pour un pays comme la Tunisie, où la température supérieure 40°C est courante en été (Ben Boubaker, 2010).

L' humidex est une mesure utilisée par les météorologistes canadiens pour intégrer les effets combinés de la chaleur et de l'humidité. Il diffère de l'indice de chaleur utilisé aux États-Unis : celui-ci utilise l'humidité relative plutôt que le point de rosée. La formule pour calculer l'humidex est la suivante :

Humidex = (température de l'air) + h

$$\begin{cases} h = (0,5555) \times (e - 10,0) \\ e = \text{pression partielle de vapeur d'eau en hPa} \end{cases}$$

Or $e = 6,11 \times e^{5417,7530 \times ((1/273,16)-(1/T_d))} \begin{cases} T_d \end{cases}$ est le <u>point de rosée</u> en <u>kelvins</u> (le point de congélation est égal à 273,16 K)

En combinant, on obtient :

$$\text{Humidex} = t_{air} + 0,5555 \times \left(6,11 \times e^{5417,7530 \times \left(\frac{1}{273.16} - \frac{1}{T_d} \right)} - 10 \right) \begin{cases} t_{air} \end{cases}$$ est la température de l'air (<u>degré Celsius</u>)

Figure 2 : # Humidex index

	25%	30%	35%	40%	45%	50%	55%	60%	65%	70%	75%	80%	85%	90%	95%	100%
42°	48	50	52	55	57	59	62	64	66	68	71	73	75	77	80	82
41°	46	48	51	53	55	57	59	61	64	66	68	70	72	74	76	79
40°	45	47	49	51	53	55	57	59	61	63	65	67	69	71	73	75
39°	43	45	47	49	51	53	55	57	59	61	63	65	66	68	70	72
38°	42	44	45	47	49	51	53	55	56	58	60	62	64	66	67	69
37°	40	42	44	45	47	49	51	52	54	56	58	59	61	63	65	66
36°	39	40	42	44	45	47	49	50	52	54	55	57	59	60	62	63
35°	37	39	40	42	44	45	47	48	50	51	53	54	56	58	59	61
34°	36	37	39	40	42	43	45	46	48	49	51	52	54	55	57	58
33°	34	36	37	39	40	41	43	44	46	47	48	50	51	53	54	55
32°	33	34	36	37	38	40	41	42	44	45	46	48	49	50	52	53
31°	32	33	34	35	37	38	39	40	42	43	44	45	47	48	49	50
30°	30	32	33	34	35	36	37	39	40	41	42	43	45	46	47	48
29°	29	30	31	32	33	35	36	37	38	39	40	41	42	43	45	46
28°	28	29	30	31	32	33	34	35	36	37	38	39	40	41	42	43
27°	27	27	28	29	30	31	32	33	34	35	36	37	38	39	40	41
26°	26	26	27	28	29	30	31	32	33	34	34	35	36	37	38	39
25°	25	25	26	27	27	28	29	30	31	32	33	34	34	35	36	37
24°	24	24	24	25	26	27	28	28	29	30	31	32	33	33	34	35
23°	23	23	23	24	25	25	26	27	28	28	29	30	31	32	32	33
22°	22	22	22	22	23	24	25	25	26	27	27	28	29	30	30	31

Jusqu'à 29 ° C	Aucun inconfort
De 30 à 34 ° C	sensation d'un léger inconfort
De 35 à 39 ° C	un fort malaise. Attention: limiter les activités physiques les plus lourdes
De 40 à 45 ° C	sensation de malaise forte. Danger: évitez les efforts
De 46 à 53 ° C	Grave danger: cesser toutes les activités physiques
Plus de 54 ° C	danger de mort: un coup de chaleur imminent

Figure 3 : # Index malaise Thom's

	25%	30%	35%	40%	45%	50%	55%	60%	65%	70%	75%	80%	85%	90%	95%	100%
42°	32	32	33	33	34	34	35	35	36	36	37	37	37	38	38	38
41°	31	32	32	33	33	34	34	35	35	35	36	36	37	37	37	37
40°	30	31	31	32	32	33	33	34	34	35	35	35	36	36	36	37
39°	30	30	31	31	32	32	33	33	34	34	34	35	35	35	36	36
38°	29	30	30	31	31	31	32	32	33	33	34	34	34	35	35	35
37°	28	29	29	30	30	31	31	32	32	32	33	33	33	34	34	34
36°	28	28	29	29	30	30	30	31	31	32	32	32	33	33	33	34
35°	27	27	28	28	29	29	30	30	30	31	31	32	32	32	33	33
34°	26	27	27	28	28	29	29	30	30	30	31	31	31	32	32	32
33°	26	26	27	27	28	28	29	29	29	30	30	30	31	31	31	31
32°	25	25	26	26	27	27	27	28	28	29	29	29	30	30	30	30
31°	24	25	25	26	26	26	27	27	27	28	28	28	29	29	29	30
30°	24	24	24	25	25	26	26	26	27	27	27	28	28	28	29	29
29°	23	23	24	24	25	25	25	26	26	26	27	27	27	28	28	28
28°	22	23	23	23	24	24	25	25	25	26	26	26	27	27	27	27
27°	22	22	22	23	23	23	24	24	24	25	25	25	26	26	26	26
26°	21	21	22	22	22	23	23	23	24	24	24	25	25	25	25	26
25°	20	21	21	21	22	22	22	23	23	23	24	24	24	25	25	25
24°	20	20	20	21	21	21	22	22	22	22	23	23	23	24	24	24
23°	19	19	20	20	20	21	21	21	22	22	22	22	23	23	23	23
22°	18	19	19	19	19	20	20	20	21	21	21	21	22	22	22	22

Jusqu'à 21	Aucun inconfort
De 21 à 24	Moins de la moitié de la population se sent un malaise
De 25 à 27	Plus de la moitié de la population se sent un malaise
De 28 à 29	La plupart de la population se sent l'inconfort et la détérioration des conditions psychophysiques
De 30 à 32	L'ensemble de la population se sent un malaise lourd
Plus de 32	d'urgence sanitaire en raison de la très forte de l'inconfort qui peut causer des coups de chaleur

Source : http://www.eurometeo.com/english/read/doc_heat

Les figures 2 et 3 sont utiles pour évaluer la façon dont la température et l'humidité relative peuvent affecter la chaleur étouffante ou une sensation de

14

malaise et de danger pour la santé de l'homme. Pendant les périodes très chaudes, l'organisme humain se sert de la transpiration pour maintenir sa température à l'intérieur des limites physiologiques correctes. La sueur s'évapore emportant la chaleur afin d'avoir un effet de refroidissement sur la peau. Un taux d'humidité élevé dans le milieu environnant peut entrainer ce processus en limitant l'évaporation. Le corps humain ne peut donc pas éliminer la chaleur excessive par rapport à ses propres limites physiologiques recevant une sensation d'une température plus élevée. Les indices de l'inconfort peuvent être influencés par beaucoup de facteurs humains et environnementaux tels que : la taille, le poids et sexe de l'individu, les vêtements usagés, la présence de l'ombre ou le vent, et activité réalisé.

I.5.2 - L'indice de rayons UV et santé

Le rayonnement solaire est indispensable à la vie mais il peut être extrêmement dangereux pour la santé humaine. Une trop longue exposition au soleil peut être à l'origine de nombreuses et diverses réactions cutanées.

L'indice UV varie en fonction :

- de la position du soleil dans le ciel, de la saison, de l'heure, de la latitude, de l'altitude, de la nature du sol.

- de l'épaisseur de la couche d'ozone qui filtre une grande majorité des UV.

- de la concentration dans l'atmosphère d'aérosols ou de pollutions diverses.

- des nuages.

L'Index UV quantifie l'intensité du rayonnement solaire ultraviolet arrivant à la surface. L'index UV permet d'informer la population du niveau de protection requis pour les parties du corps exposées. Sans protection adaptée, le rayonnement UV peut provoquer des dommages à la peau et aux yeux : ophtalmies, "coups de soleil", cancer de la peau... (OMS)[3]

Les risques encourus lors d'une exposition au soleil sans protection adaptée sont d'autant plus grands que l'index UV est fort. En d'autres termes, plus l'index est

---

[3] OMS: Organisation Mondiale de la Santé

élevé, moins il faut de temps pour attraper un coup de soleil. L'index atteint le maximum en milieu de la journée, c'est à dire entre 12h et 16h. Pour nos latitudes, il varie de 2 (faible) à 10 (Très élevé) dans le nord(Tunis), (fig. 4) et varie de 3 (modéré) à 12 (extrême) dans le sud à Tataouine (fig. 5)

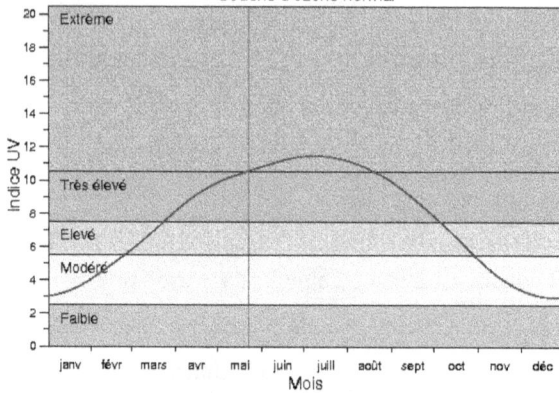

Figure 5 : Indice UV maximal quotidien
Latitude 32.4N, Longitude 9.4E, Altitude 240m
Couche d'ozone normal

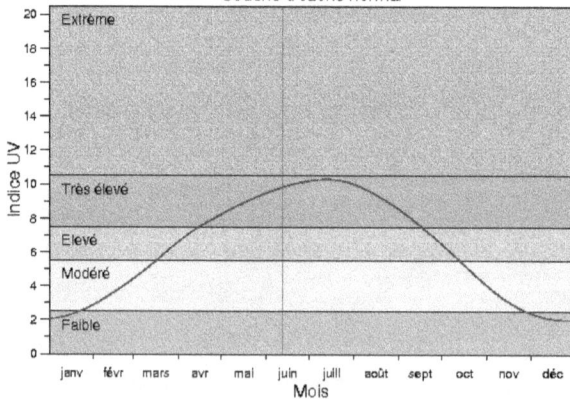

Figure 4 : Indice UV maximal quotidien
Latitude 36.7N, Longitude 9.9E, Altitude 30m
Couche d'ozone normal

Source : Elaboration personnelle à partir de la calculatrice de l'indice UV consulté sur : http://exp-studies.tor.ec.gc.ca

Une exposition excessive est nocive pour la peau et les yeux. Les rayons ultraviolets (rayons UV), sont particulièrement dangereux. De nombreux métiers impliquent une exposition aux rayons UV nécessitant l'application de mesures de précaution permettant de réduire les risques qui en résultent.

Figure 6: Le niveau de risque en fonction du niveau de rayonnement UV

La Indice UV	Niveau de risque	Couleur	Protection(s) recommandée(s)
1-2	Faible		Port de lunettes de soleil en cas de journées ensoleillées.
3-5	Modéré		Se couvrir et porter un chapeau et des lunettes de soleil. Application d'un écran solaire de protection moyenne (indice de 15 à 29) surtout pour une exposition à l'extérieur pendant plus de 30 minutes. Recherche l'ombre aux alentours de midi quand le soleil est au zénith.
6-7	Elevé		Réduire l'exposition entre 11h et 16h. Appliquer un écran solaire de haute protection (indice de 30 à 50), portez un chapeau et des lunettes de soleil, et placez-vous à l'ombre.
8-10	Très élevé		Sans protection, la peau sera endommagée et peut brûler. L'exposition au soleil peut être dangereuse entre 11h et 16h et la recherche de l'ombre est donc importante. Le port de vêtement long, d'un chapeau et de lunettes de soleil, ainsi que l'application un écran solaire de très haute protection (indice + 50) sont recommandables.
11+	Extrême		La peau non protégée sera endommagée et peut brûler en quelques minutes. Toute exposition au soleil est dangereuse et il faut se couvrir absolument (chapeau, des lunettes de soleil et application d'un écran solaire de très haute protection d'indice + 50) en cas de sortie.

Source : http://fr.wikipedia.org/wiki/Indice_UV

I.6 – L'équilibre thermique, source de confort

Le corps humain a des mécanismes internes bien développés pour la lutte contre la chaleur. L'homme vit à température quasi constante, il est donc un « homéotherme ». Il doit s'adapter aux conditions climatiques extrêmes sans changer sa température interne. L'ambiance chaude constitue une contrainte à l'organisme.

17

I.6.1 - Le confort thermique

La température corporelle d'environ 37°C, est maintenue grâce aux apports de calories apportés par la nourriture et aux échanges de chaleur avec l'environnement immédiat selon ces mécanismes :

-la convection qui favorise les échanges entre la peau et l'air ambiant ;

-la conduction, échange par contact direct avec un corps chaud ;

-le rayonnement ou radiation : échanges thermiques par rayonnement infrarouge. La perte de chaleur se fait par radiation lorsque l'environnement est moins chaud que notre corps, mais elle est moins importante lorsque la température est élevée.

-la transpiration : perte par évaporation lorsque l'humidité est faible.

Selon les paramètres individuels et contextuels, l'interprétation du confort thermique varie d'une personne à l'autre, selon le niveau d'activité, l'acclimatation physiologique et psychologique à la chaleur et le type de vêtements portés.

I.6.2 - Confort et santé

Le confort climatique varie dans l'espace selon l'optimal thermique d'un lieu donné. Un climat confortable est par conséquent celui qui permet au corps humain de préserver sa stabilité (Besancenot, 1990) sans effectuer un effort supplémentaire et d'être bien loin d'un risque ou d'un échec face au climat.

Le climat de la Tunisie est un facteur attractif. Il est à l'origine d'un mouvement touristique estival important. L'été reste la saison préférée des fêtes et des grands événements.

II - Fréquence et intensité des fortes chaleurs : Etat des lieux

II.1 - Fréquence des fortes chaleurs

Les anomalies de températures significatives sont généralement observées au cours de la saison d'été. Cependant, en Tunisie, la saison dite chaude s'étend du moi de mai au moi d'octobre.

La forte chaleur apparait à une échelle spatiale et temporelle. L'échelle synoptique d'une durée de quelques jours est typiquement associée à des systèmes de haute ou de basse pression, qui mène à des conditions stables ou instables différentes spatialement.

La température en Tunisie se caractérise par l'alternance des saisons. L'été est la saison la plus chaude. En fait, les vagues de chaleur se produisent en été et sont essentiellement en moi de juillet et août selon les valeurs thermiques absolues.

Figure 7: **Fréquence moyenne annuelle de jours de forte chaleur (nombre moyen / an) observés en Tunisie (Moyenne 1991-2007).**

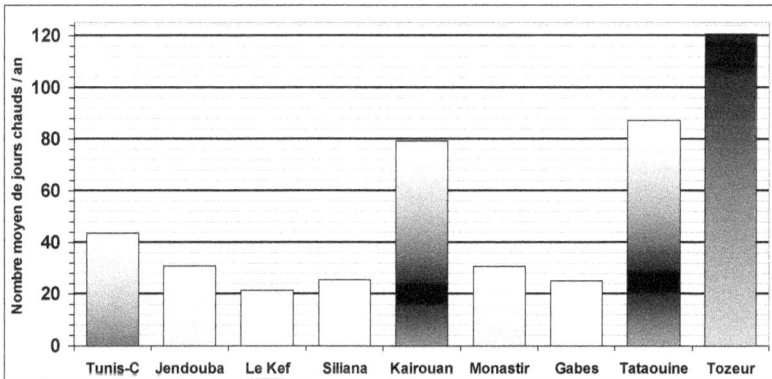

Source : BENBOUBAKER H : 2010

Ainsi, ben boubaker 2010, a montré que les régions du sud, notamment celles de Tozeur et Tataouine connaissent la fréquence annuelle la plus élevée de jours de forte chaleur. Elle est de 121 jours /an à Tozeur et 87 jours /an à Tataouine.

Selon cette fréquence, la Tunisie est devisée en deux régions thermiques : une au sud chaude influencée directement par le Sahara, l'autre au nord du pays se caractérise par un aspect thermique modéré. Selon les topographiques et la localisation du site (distance par rapport à la mer, altitude..), chaque région a ses caractéristique topoclimatique (Ben Boubaker, 1996).

La vague de chaleur est un événement météo-climatique. Son intensité, sa durée et son extension spatiale, varient d'une saison estivale à une autre et d'un jour à un autre même dans une seule région. La variation nord /sud est influencée par l'effet de la mer pour les régions littorales, et par l'effet de l'altitude pour les régions montagnardes.

La fréquence des épisodes annuels de chaleur montre que toute la Tunisie est touchée par la hausse de température lors d'une vague de chaleur, mais elle est plus intense sur les régions dite chaudes.

II.2 - Intensité des fortes chaleurs

II.2.1 - Etude de cas : stations de Remada et de Tunis Carthage

En Tunisie, il y a une forte variabilité thermique entre le sud et le nord. Elle s'explique par l'apparence et l'intensité des fortes chaleurs. Pour bien évaluer et identifier le terme de chaleur dans un concept régional et local et mettre en évidence la résistance, et la perception et l'adaptation de l'homme face à la chaleur, nous avons choisi deux stations différentes, la station de Tunis Carthage dans le nord et la station de Remada dans le sud.

Les données présentées ici sont celles de températures (TX et TN) du moi de Juin, Juillet et Aout pour deux années dites chaudes (1999 et 2003).

Le seuil utilisé pour définir la forte chaleur est la moyenne de TX et TN pour les trois mois estivaux de 1999 et 2003. Il s'écrit sous la forme suivante :

Seuil de température diurne $=\sum$ TX estivale /n
Seuil de température nocturne $=\sum$ TN estivale /n

Avec n est le nombre des jours estivaux (92 jours)

Tableau 2 : la moyenne estivale de TX et TN de la station de Tunis Carthage et la station de Remada pour 1999 et 2003(seuil annuel pour une forte chaleur)

année	Station de Remada		Station de Tunis Carthage	
	TX estivale	TN estivale	TX estivale	TN estivale
1999	38,8 °C	25,5 °C	33,5°C	22,8°C
2003	37,2 °C	25,5 °C	35,50C	23,5°C

Source : élaboration personnelle a partir des données sur le site http://www.wunderground.com

A partir de ce tableau, nous remarquons que pour la station de Remada, si pendant trois jours consécutifs   TX estivale > 38,8 °C et TN estivale > 25,5 °C cette période est considérée comme vagues de chaleur pour l'année 1999. En 2003 la vague de chaleur a été observée si TX estivale >37,2 °C et TN estivale > 25,5 °C pour l'année 2003.

Tableau 3: Les périodes de forte chaleur dans la région de Remada en 1999 et 2003

Année	Episode de forte chaleur	Nombre de jours	total
1999	De 01/06→08/06/1999	8	23 jours
	De 12/07→14/07/1999	3	
	De 05/08→11/08/1999	7	
	De 15/08→19/08/1999	5	
2003	De 27/06→04/07/2003	8	31 jours
	De 14/07→19/07/2003	6	
	De 24/07→29/07/2003	6	
	De 21/08→31/08/2003	11	

Source : élaboration personnelle à partir des données sur le http://www.wunderground.com/

La station de Remada est localisée dans le sud tunisien et est influencée généralement par le Sahara. L'apparence des fortes chaleurs est très remarquable. A partir de tableau 3, nous avons observé 4 périodes de grande chaleur pour l'année 1999 prolongeant sur 23 jours pendant   la saison estivale. Chaque mois a connu une période chaude, la plus longue ne dépasse pas 8 jours (tableau 3).

En 2003, il y a 4 périodes (31 jours) de forte chaleur qui s'étendent sur toute la saison d'été.

Nous remarquons ainsi que la chaleur est bien fréquente et son apparence est régulière sur toute la saison de l'été.

-Pour la station de Tunis Carthage, nous avons observés : si pendant trois jours consécutifs TX estivale > 33,5 °C et TN estivale > 22,8 °C, cette période est considérée comme vagues de chaleur pour l'année 1999. En 2003 la vague de chaleur a été observer si TX estivale >35,5 °C et TN estivale > 23,5 °C pour l'année 2003.

Tableau 4: Les périodes de forte chaleur dans la région de Tunis.C en 1999 et 2003

année	Episode	Nombre de jours	total
1999	De 04/08/→12/08/1999	9	22 jours
	De 16/08/→24/08/1999	9	
	De 26/08/→29/08/1999	4	
2003	De 28/06/→01/07/2003	4	16 jours
	De 14/07/→18/07/2003	5	
	De 22/07/→28/07/2003	7	

Source : Elaboration personnelle à partir des données sur le site : http://www.wunderground.com

Pour la station de Tunis Carthage, on distingue 3 périodes des fortes chaleurs pour l'année 1999, observées seulement dans le moi d'Aout. Le nombre des jours chauds (22jours) explique l'intensité du phénomène thermique. En 2003, on observe 3 périodes des fortes chaleurs, la première apparait à la fin de juin et au début de juillet, les deux autres dans le mois de juillet, du 28/06 /2003 jusqu'au 28/07/2003.

L'abondance des jours des fortes chaleurs traduit une tendance à l'augmentation remarquable pour la station de Tunis Carthage. La fréquence de l'apparition des fortes chaleurs a connu une stabilité.

L'intensité de chaleur s'explique non seulement par le degré de température, mais aussi par le taux d'humidité. Lorsqu'on combine les températures avec l'humidité relative observée pendant la même période de forte chaleur, on remarque que la chaleur est plus intense dans la station de Tunis Carthage que celle de Remada.

L'humidité aggravante pour le corps humain qui doit fournir beaucoup plus d'efforts pour s'adapter. C'est pourquoi l'usage des climatiseurs est très courant, surtout dans les villes de grand Tunis de 14%.

Figure 8: humidité maximale (Hmx) et humidité minimale (Hmn) en relation avec la température maximale (Tx) et minimale (Tn) pour deux périodes chaudes à la station de Tunis en 1999.

a)

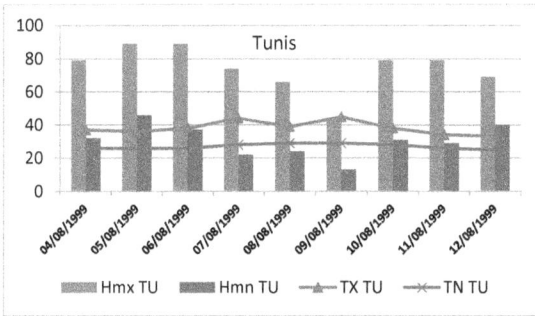

b)

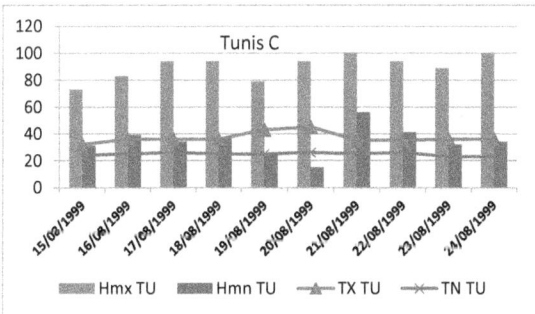

Source : élaboration personnelle à partir des données de site : http://www.wunderground.com

La sensation de la chaleur diffère d'une région à l'autre. En effet, la chaleur dépasse le 40 °C dans un environnement sec, (Remada) est plus supportable qu'une température de 32 °C dans un environnement humide.

Figure 9: humidité maximale (Hmx) et humidité minimale (Hmn) en relation avec la température maximale (Tx) et minimale (Tn) pendant deux périodes des fortes chaleurs à la station de Remada en 1999

a)

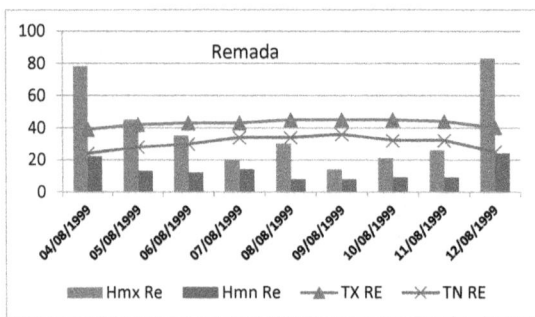

b)

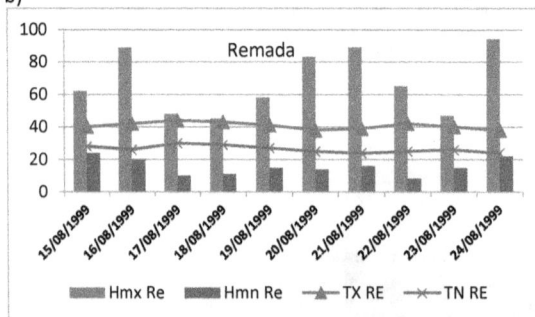

source : *élaboration personnelle à partir des données de site :* http://www.wunderground.com/

II.2.2 - Variation de la gravité des fortes chaleurs

Pour expliquer la variation de la gravité des fortes chaleurs, nous avons choisi une épisode de vague de chaleur pour l'année 1999, de 6/08/1999 jusqu'au 9/08/1999, pour les deux stations, Tunis Carthage et Remada.

La combinaison entre les valeurs estivales maximales de températures et de l'humidité, montre que la chaleur est plus intense à la ville de Tunis que celle à Remada. La forte humidité renforce la sensation d'inconfort thermique (Escourrou P, 1994), d'où l'adaptation à la forte chaleur est très difficile dans les régions du nord.

Tableau 5 : l'indice Humidex lors d'une période chaude dans la station de Tunis carthage et la station de Remada

période	Station de Tunis Carthage		Humidex		Station de Remada		Humidex	
	Température maximale et Humidité maximale				Température maximale et Humidité maximale			
06/08/1999	TX	38 °C	53 °C	Grave danger	TX	43 °C	46 °C	Grave danger
	HX	57%			HX	17%		
07/08/1999	TX	44 °C	62 °C	Danger de mort	TX	43 °C	45 °C	Sensation de malaise forte
	HX	47%			HX	16%		
08/08/1999	TX	39 °C	49 °C	Grave danger	TX	45 °C	45 °C	Sensation de malaise forte
	HX	40%			HX	11%		
09/08/1999	TX	45 °C	56 °C	Danger de mort	TX	45 °C	45 °C	Sensation de malaise forte
	HX	32%			HX	9%		

Source : *élaboration personnelle à partir des données de site :* http://www.wunderground.com/

Lors des périodes des fortes chaleurs ,nous pouvons avoir la sensation qu'il fait plus chaud que les températures indiquées sur le thermomètre. De même, un habitant de Tunis peut trouver la chaleur bien plus insupportable qu'à Tataouine. alors que le bulltin de méteo annonce 5 °C supplémentaires dans cette dernière ville.

Cette perception de la chaleur qui diffère de la réalité est communément appelée "chaleur ressentie". Le taux d'humidité est la clé pour comprendre pourquoi il est beaucoup plus difficile de supporter 35 °C dans un environnement humide (Tunis) que 40 °C dans un environnement sec (Remada).

Pour la période d'observation (tableau 5), l'Humidex à Tunis est toujours plus élevé que celui de Remada. La chaleur ressentie est alors plus importante que la chaleur réelle, et peut devenir insupportable, jusqu'à provoquer des évanouissements. Ce phénomène explique également les sensations de chaleur accablante dans des lieux confinés, où la présence humaine est importante, comme dans les moyens de transport à Tunis.

II.3- Les anomalies de température : Cas de Tunis Cartage

II.3.1- Les anomalies diurnes

L'été, saison typique des très fortes chaleurs, affiche une anomalie de température (l'écart à la normale). Une anomalie dite positive si qu'il fait plus chaud que la normale.

Pour analyser l'intensité de la chaleur à la station de Tunis Carthage, ou l'écart la température observée à la moyenne de la saison représente un indicateur intéressant.

Les températures dites normale pendant la saison d'été pour la station de Tunis Carthage sont indiqué dans le tableau 6.

Tableau 6 : les normale de TX et TN de juin juillet et août pour la station de Tunis Carthage

	TN	TX
Juin	17,3 °C	29°C
Juillet	20 °C	32,6°C
Août	20,8 °C	32,7°C
Moyenne estivale	19,3 °C	31,4°C

Source : INM [4]

---

[4] Institut national de la météorologie

Les périodes des fortes chaleurs observées à Tunis sont associées à des anomalies thermiques positives diurnes et nocturnes, souvent très amples. Les figures 12 et 13 retracent l'abondance des anomalies thermiques positives record correspondant aux températures maximales absolues observées à Tunis durant l'été en 1999 et 2003. A partir de la figure 12 et 13 nous observons que :

-Les anomalies positives atteignent 11,5°C en 1999 et 10,5°C en 3003 ;

-les périodes des fortes chaleurs sont fréquentes sur les trois mois d'été.

Figure 10 : Ecart à la normale de la température maximale (diurne) estivale en 2003 à la station de Tunis Carthage.

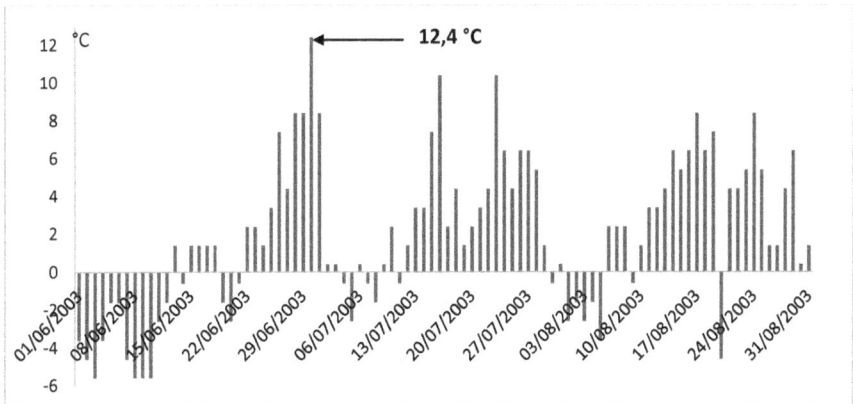

Source : *élaboration personnelle à partir des données de site :* http://www.wunderground.com/

Données Climatiques Mensuelles : des normales mensuelles calculées sur la période de 1961-1990 d'après les recommandations de L'Organisation Météorologique Mondiale (OMM).

Figure 11: Ecart à la normale de la température maximale (diurne) estivale en 1999 à la station de Tunis Carthage

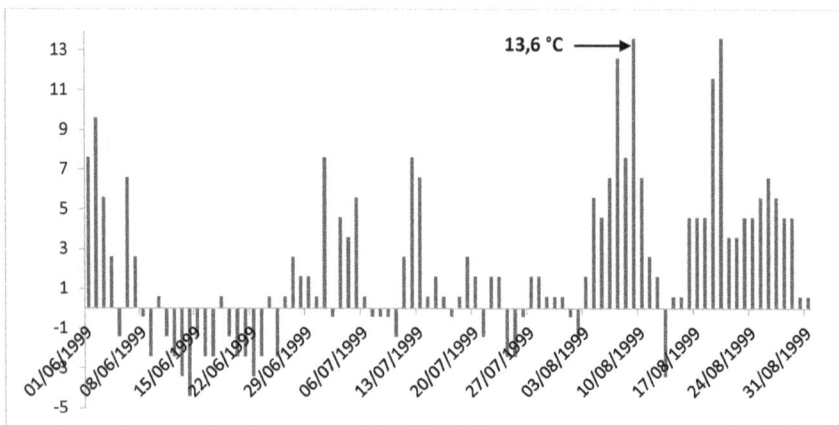

Source : *élaboration personnelle à partir des données de site* : http://www.wunderground.com/

Les anomalies les plus intenses notamment sur les régions modérés lors d'une vague de chaleur, sont les conséquences des advections de l'air tropical continental saharien (Tcs), parvenant le secteur sud. Au cours de la saison chaude « les arrivées d'air (Tcs) sont les plus fréquentes et les plus régulières » (El Melki, 1996). D'où, l'été se caractérise par des temps favorables à l'advection de l'air chaud manifesté par les coups de sirocco, dont l'ampleur est ressentie dans les régions intérieures du pays (Henia, 1980).

Les situations synoptiques favorables à l'advection de l'air chaud Saharien sont responsables de l'apparence des fortes anomalies. La forte anomalie devient grave lorsque la température atteint le record au milieu de la journée avec le fort ensoleillement et l'humidité élevée. L'association de ces éléments climatiques rend les conditions de confort largement débilitantes pouvant emporter des risques pour l'homme.

II.3.2 - Les anomalies nocturnes

L'intensité des fortes chaleurs s'explique aussi par les anomalies nocturnes. Au cours de la période observée (1999 et 2003), les jours des fortes chaleurs à Tunis sont associés à une température nocturne très élevée par rapport à la normale.

Figure 12: Ecart à la normale de la température minimale (nocturne) estivale en 1999 à la station de Tunis Carthage.

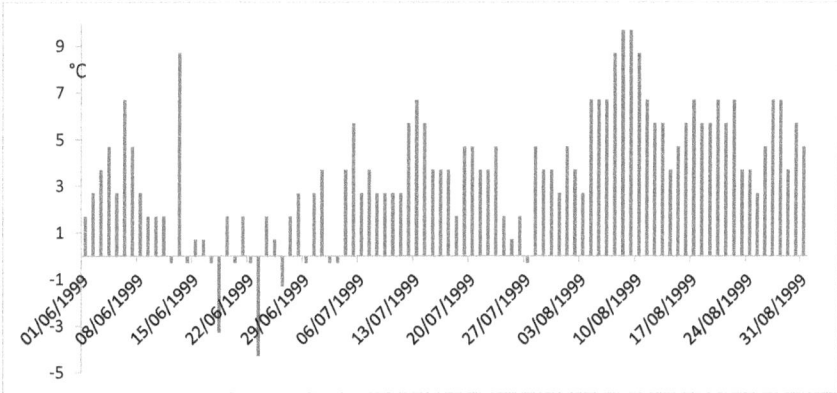

Source : *élaboration personnelle à partir des données de site :* http://www.wunderground.com/

Figure 13: Ecart à la normale de la température minimale (nocturne) estivale en 2003 à la station de Tunis Carthage

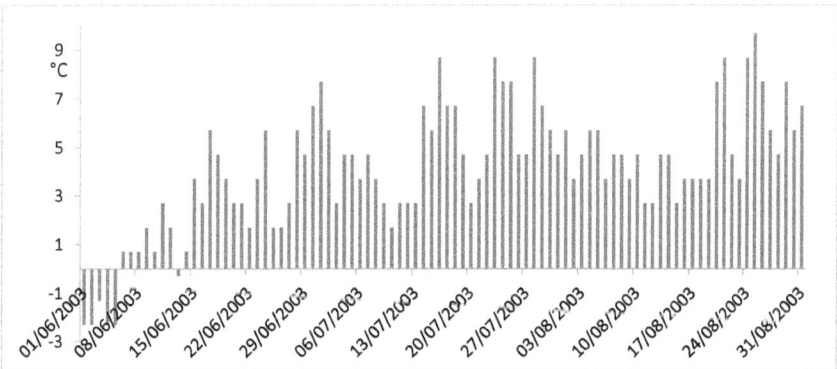

Source : *élaboration personnelle à partir des données de site :* http://www.wunderground.com/

29

L'intensité de chaleurs s'explique aussi par l'ilot de chaleur nocturne dans la ville de Tunis. D'où, la ville restitue plus lentement la chaleur diurne emmagasinée. Le stockage thermique des matériaux urbains joue un rôle déterminant. L'ilot de chaleur urbain s'intensifie très rapidement dès le coucher du soleil.

La chaleur surprend la population par son intensité et par sa durée mais les effets les plus stressants sont essentiellement dus au manque de répit nocturne, les températures n'ayant que faiblement baissé pendant la nuit. En effet, la température maximale seule se révèle insuffisante pour appréhender la dangerosité d'une situation météorologique sur les organismes humains.

DEUXIEME CHAPITRE : MODES D'ADAPTATION A LA CHALEUR

I - Les besoins physiologiques d'adaptation
I.1 - La thermorégulation et les équilibres physiologiques

La thermorégulation est un mécanisme physiologique qui permet a l'homme de maintenir sa température constante quelque soit les variations de la température extérieure et quelque soit sa propre production de chaleur. Elle fait intervenir un très grand nombre de fonctions physiologiques et comportementales ajustées, pour permettre le maintien de la température corporelle relativement constante et indépendante des fluctuations temporelles et climatiques.

Lors de fortes chaleurs, la thermorégulation peut devenir défaillante en cas d'effort physique entraînant ainsi des troubles plus ou moins graves. Les individus ne réagissent et ne s'acclimatent pas de la même façon. Face aux variations de températures ; des facteurs comme l'âge, le poids, l'état de santé, la prise de médicaments, les habitudes alimentaires interviennent dans l'acclimatation.

Les systèmes régulateurs de l'organisme réagissent selon les variations du milieu dans lequel se trouve l'individu. L'intensité de ces réactions donnent la mesure du pouvoir latent d'adaptation de l'organisme.

I.2 - La réaction physiologique face au spectre solaire

L'intensité des rayons ultra-violet varie selon les régions, et essentiellement selon les latitudes, (voir fig. : 4 et 5). Ils peuvent avoir des effets physiologiques en sensibilisant la peau suivant la durée d'exposition au soleil et à l'humidité de l'air. Cette différence est bien claire dans notre enquête entre le sud et le nord de la Tunisie, dans le contexte de protection contre la chaleur et le soleil. Le degré de dispersion dépend de la longueur d'onde : plus l'onde est courte, plus elle se disperse. L'organisme humain n'a besoin que de petites doses de soleil pour ressentir des effets positifs. Moins on est exposé au soleil, moins on s'expose aux dégâts provoqués par les rayons UV.

I.3 - Régime alimentaire et adaptation

Dans chaque région il ya un régime alimentaire qui le caractérise. Le rapport entre le climat et les types des aliments diététiques est un signe d'adaptation avec le milieu. La quantité et la qualité des aliments se diffère selon les régions et selon les lieux d'habitation (rural /urbain). Le choix de nos aliments s'appuie donc sur les règles propres à notre culture (Ravache, 2003).

I.4 - Coloration de la peau et la réaction à une intense lumière solaire

La peau est une barrière physique qui assure la protection contre les agressions extérieures. Sa pigmentation (plus ou moins importante) permet d'assurer une certaine protection de l'organisme face aux rayons du soleil. Les individus dont la peau est héréditairement foncée ou les individus à peau claire mais basanés par le soleil peuvent résister à la fois aux coups de soleil et aux brulures (Weiner, 1964).

L'ambiance climatique a un effet sur la coloration de la peau, les dimensions et les formes du corps, surtout pour ceux qui ont été exposés à la chaleur pendant toute la période de la croissance.

II : Modes d'adaptation artificielle aux fortes chaleurs

II-1 : Fortes chaleurs et besoins de climatisation

Les vagues de chaleur provoquent généralement des taux de surmortalité assez élevés, comme c'était le cas en Europe : Marseille 1983, Athènes 1987... (Besancenot, 2002). En revanche, dans les pays à climat chaud comme la Tunisie, les personnes les plus âgées ont une résistance très importante face à la chaleur due à une plus longue période d'acclimatation. Nous avons mené une enquête sur les modes d'adaptation face aux fortes chaleurs, dans quelques régions de la Tunisie (Tataouine, Bizerte et Nabeul). Elle montre que la plupart des personnes âgées n'éprouvent aucune souffrance lorsqu'il fait chaud. Ils n'utilisent que des habillements conformes avec le climat chaud. Au contraire, les jeunes sont peu sensibles face à la chaleur. La plupart d'entre eux se sentent mal lors d'une journée très chaude. Ils utilisent le maximum de protection contre le rayonnement soleil.

Tableau 7: la sensation personnelle lors d'une vague de chaleur selon les classes d'âge.

Sentir âge	20 à 40 ans	40 à 60 ans	plus de 60 ans	TOTAL
mal	82,2%	58,4%	31,9%	66,3%
bien	17,8%	41,6%	68,1%	33,7%
TOTAL	100%[5]	100%	100%	100%

Source : enquête personnelle 2011

La surmortalité lors des vagues de chaleur touche surtout la population de grandes agglomérations urbaines (Besancenot, 2002 ; Ben Boubaker, 2010). Cette surmortalité est attribuée à des facteurs en rapport avec le type d'habitat, l'ilot de chaleur urbain, la surconcentration atmosphérique polluante (El Melki., 2007) et le niveau de vie. Dans les grandes villes, la densité des constructions réduit la circulation de l'air et par conséquent l'effet modérateur de la ventilation. Tous ces effets qui caractérisent les grandes villes rendent les personnes les plus vulnérables menacées lors de conditions climatiques extrêmes. En l'occurrence la ville de Tunis n'est pas à l'abri de ce phénomène caractéristique des grandes villes.

Dans les grandes villes il existe une diversité de microclimats. Les rues se distinguent en fonction de leur orientation et de la nature des matériaux de construction.   La pollution atmosphérique urbaine se conjugue comme un facteur aggravant les risques liés aux fortes chaleurs.

En Tunisie, les effets sanitaires des fortes chaleurs varient selon les régions à cause des capacités d'adaptations. Dans les régions du sud Tunisien, la population est bien adaptée avec la forte chaleur, néanmoins la population du nord est mal adaptée. La résistance face aux fortes chaleurs varie entre les

---

[5] Les valeurs du tableau sont les pourcentages en colonne établis sur 282 observations.

personnes, elle est plus bas chez les femmes que chez les hommes, c'est qui expliquerait une plus grande sensibilité des femmes aux vagues de chaleur, chacun selon son mode de vie et selon les comportements individuels d'adaptation.

La relation entre les fortes chaleurs et la mortalité mérite une étude approfondie dans la ville de Tunis qui vécu un pic de surmortalité en été (Ben Boubaker H et Chahed M K., 2010, Henia L., 2008), malgré l'augmentation de l'équipement en climatisation. L'accès à la climatisation dans les régions du sud de la Tunisie comme celle de Tataouine est faible (3,8%) en dépit des fortes chaleurs récurrentes en saison estivale.

II.2 - Accès à la climatisation en Tunisie : variation géographique

La tendance actuelle au réchauffement climatique planétaire aura pour effet la multiplication des vagues de chaleur (GIEC[6], 2007). En Tunisie des températures qui maintiennent à un niveau très élevé peuvent provoquer des victimes. Il existe pourtant un moyen efficace pour se prémunir du phénomène : **la climatisation.**

Depuis les années ayant connu des fortes chaleurs 1994, 1999 et 2003 (Ben Boubaker, 2010), la commercialisation des climatiseurs a connu une progression importante. Ces appareils présentent une solution artificielle pour se rafraichir en cas de besoin. Le tableau suivant expose le taux d'équipements en climatiseurs à domicile en Tunisie entre 1994 et 2004.

Tableau 8 : Taux des ménages équipé par un climatiseur et un réfrigérateur

	1994	2004	Nombre des ménages par mille en 2004
climatiseur	-	5 ,7%	123,7
réfrigérateur	55,4%	81,8%	1773,9

Source : INS[7] 2009, Recensement Général de la Population et de l'Habitat de 2004

---

[6] **GIEC :** Groupe d'Experts Intergouvernemental sur l'Evolution du Climat.
[7] INS : Institut nationale de Statistique

La possession d'un climatiseur est un indicateur important pour le niveau de vie des ménages. Il est l'un des moyens les plus utilisés par la population lors d'une vague de chaleur pour atténuer la chaleur. L'accès à la climatisation varie d'une région à une autre selon la capacité d'adaptation et selon le besoin.

Le taux élevé d'équipement en climatisation dans certaines régions comme celle de grand Tunis, justifié par un niveau de vie qui ne cesse de s'améliorer, engendre l'émergence de nouveaux besoins et d'un nouveau profil de consommateurs qui exigent un niveau de confort thermique.

Tableau 9 : Taux de ménages équipés en matériel de refroidissement en Tunisie en 2004(% par gouvernement).

Gouvernorat	réfrigérateur %	Congélateur %	Climatiseur %
Tunis	92,2	11,9	14,1
Ariana	91,2	10,1	18,3
Ben Arous	92,5	5,6	13,2
Mannouba	86,4	4	4,9
Nabeul	87,8	3,4	3,5
Zaghouan	72,5	2,7	2,2
Bizerte	80,5	3,5	3
Beja	74,4	1,5	3,5
Jendouba	74,8	1,4	1,6
El kef	73	1,7	1,7
Siliana	66,7	1,1	1,3
Sousse	88,2	6,5	7,6
Monastir	90,6	3,7	5,1
Mahdia	80	2,2	1,5
Sfax	88,3	3,1	4,2
Kairouan	63,5	2,1	1,6
Kasserine	48,7	1,2	0,7
Sidi bouzid	62,2	1,3	0,7
Gabes	81,6	2,2	3,5
Médenine	83,9	2,2	3,7
Tataouine	75,6	2,8	3,8
Gafsa	79,8	1,4	3,2
Tozeur	88,8	1,3	6,1
kebilli	86,6	1,7	3,5
Moyenne	81,8	4,3	5,7

Source : INS 2005, Recensement Général de la Population et de l'Habitat de 2004.

La propension à climatiser augmente également selon une trajectoire côtière. Le pourcentage des populations ayant accès à un climatiseur à résidence selon les régions passe de 1,05% dans le centre Ouest à 4,8% au centre Est, et de 2,04% dans le Nord Ouest à 3,13% au Nord Est, et 13,23% au grand Tunis.

Tableau 10 : La proportion et le nombre de ménages accès à la climatisation selon les régions

région	Taux d'accès (%)		total	Total d'accès
	Milieu communal	Milieu non communal	Nombre de ménages	(%)
G Tunis	99,6	1,4	533996	13,23
N Est	85,5	14,5	316199	3,13
N Ouest	81,3	18,7	269016	2,04
C Est	95,3	4,7	503248	4,8
C Ouest	84,8	15,2	264142	1,05
S Est	97,7	2,3	186278	3,6
S ouest	97,5	2,5	112960	3,8
total	95,8	4,2	2185839	5,7

Source : INS 2005, modifié

Cette variation géographique s'explique par l'inégal développement régional entre les régions côtières et le reste de pays.

La hausse d'équipement en climatiseur s'explique aussi par la baisse des prix de climatiseurs et la hausse du niveau de vie et par l'augmentation de l'occurrence des journées caniculaires.

La croissance socio-économique a favorisé certaines zones beaucoup plus que d'autres. L'amélioration des niveaux de vie est souvent accompagnée d'une polarisation sociale et spatiale croissantes et l'aggravation même de certains écarts.

L'accroissement de la population Tunisienne sur le littoral amplifie le besoin de climatisation, au grand Tunis et dans les autres villes de fortes densités de population qui favorisent l'apparition d'îlots thermiques urbains.

Les Premiers résultats de l'enquête nationale sur l'emploi 2010[8], faite par l'institut national de statistique, et selon des résultats de l'enquête sur les

---

[8] INS 2010

indicateurs de qualité de vie, des appareils électro ménagés et des moyens de divertissement. La proportion de ménages propriétaires de ces installations avaient continué à se développer pour atteindre des niveaux plus élevés en 2010.

Tableau 11 : Taux d'équipement en climatiseur et en réfrigérateur à domicile en Tunisie.

	2005	2006	2007	2008	2009	2010
CLIMATISEUR (%)	7	7,9	9,4	11,8	13	14
REFRIGERATEUR (%)	84,5	85,9	88,5	90,6	93	94

Source : INS 2010

Sur cinq ans, la proportion en climatisation a doublé, ce qui signifie le besoin ultime de l'air climatisé à domicile face aux réchauffements climatiques, notamment aux vagues de chaleur qui deviennent plus intenses.

Les populations les mieux nanties ont davantage accès à un climatiseur à domicile que les moins fortunés. Plus précisément le confort dépend des moyens d'accessibilité surtout entre les pauvres et les biens. La figure 14 donne l'explication à la question d'adaptation dans la même région entre les bons lieux et les cités pauvres.

Figure 14 : Le taux d'équipement en climatisation à domicile en Grand Tunis

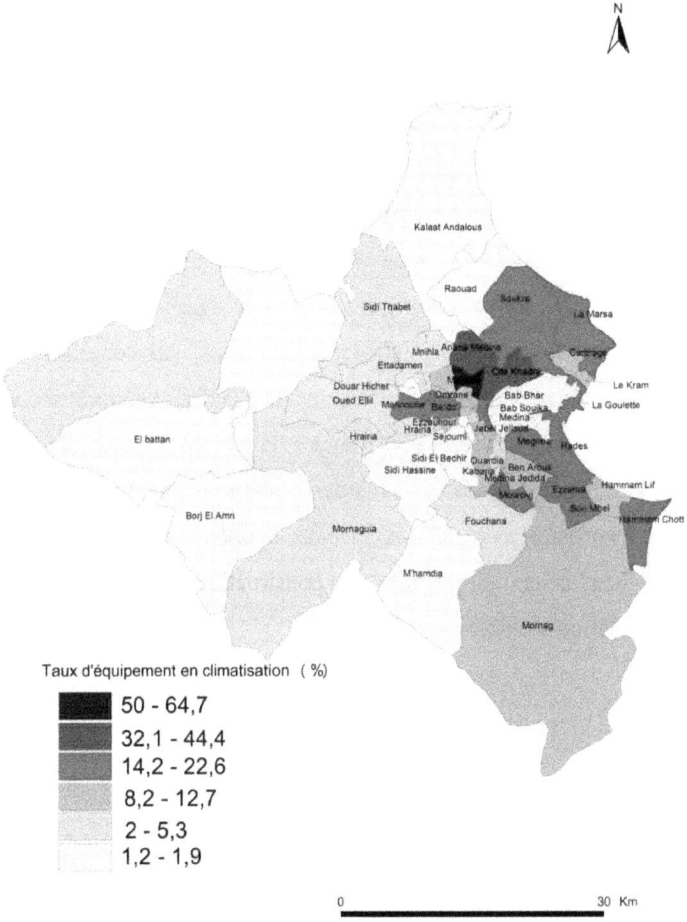

Taux d'équipement en climatisation (%)

- 50 - 64,7
- 32,1 - 44,4
- 14,2 - 22,6
- 8,2 - 12,7
- 2 - 5,3
- 1,2 - 1,9

0   30   Km

En fonction des données météorologiques, les régions côtières sont les plus modérées lors des périodes de forte chaleur. La proximité de la mer semble jouer un rôle protecteur important des fortes chaleurs. Cette influence bénéfique peut s'expliquer par le fait que la variation des minima des températures, qui jouent un rôle sur les effets sanitaires de la chaleur, est moins dans les zones côtières. En période de fortes chaleurs, lorsque les températures minimales nocturnes terrestres sont plus élevées que les températures maritimes, la présence de la mer favorise le refroidissement de l'air. La présence de vent le long des côtes permet le renouvellement de l'air et favorise l'impression de fraîcheur.

Toutes ces conditions semblent insuffisantes, car le haut équipement en climatisation est enregistré dans les grandes villes côtières. Par conséquent le résultat sera contre-productif. La surmortalité due à la chaleur se concentre dans les villes, et notamment dans celles les plus grandes (Besancenot, 2002). Il existe un apport d'énergie lié aux activités humaines aboutissant à la constitution d'« îlots de chaleur » urbains, avec décroissance des températures du centre ville vers la périphérie. De plus, la multiplication des constructions accroît la rugosité et entraîne une diminution sensible du vent.

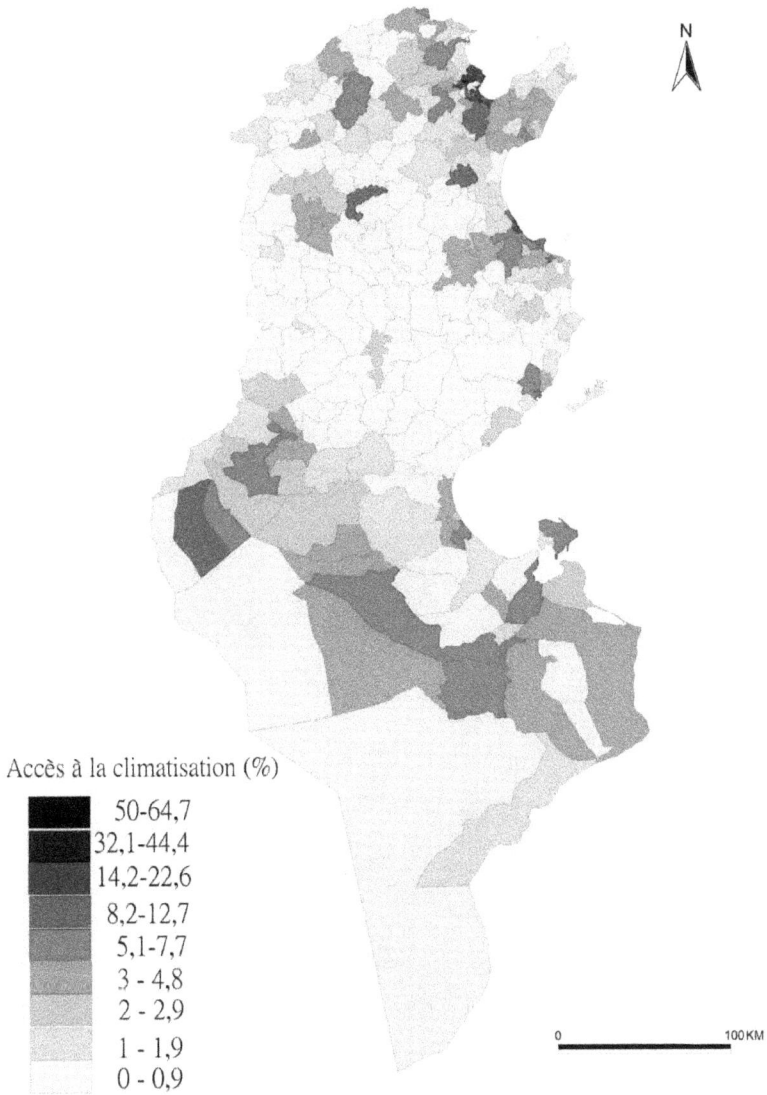

Accès à la climatisation (%)

■	50-64,7
■	32,1-44,4
■	14,2-22,6
■	8,2-12,7
■	5,1-7,7
■	3 - 4,8
■	2 - 2,9
■	1 - 1,9
□	0 - 0,9

0   100 KM

N

II.3 - Accessibilité et utilisation des climatiseurs et des ventilateurs durant les fortes chaleurs

II.3.1 - Equipement de climatisation à domicile

La climatisation a tendance à devenir un équipement courant chez les ménages tunisiens aisés. Selon notre enquête dans les villes de Tataouine, Nabeul et Bizerte, presque le cinquième des personnes enquêtées disposent d'un climatiseur à leur domicile. Le taux observé est supérieur à celui de la moyenne nationale qui ne dépasse pas 14% en 2010 (tableau 11).

L'équipement de climatisation à domicile a également été influencé par la région de résidence décroissant principalement selon une trajectoire de Nord en Sud. Selon notre enquête, les répondants qui disposent d'un climatiseur à domicile ont ainsi varié de 22,1 % à Bizerte, 22,3% à Nabeul au Nord et Nord Est de la Tunisie et puis Tataouine de 14,7% au Sud.

Figure 15: le taux des climatiseurs à domicile selon les régions

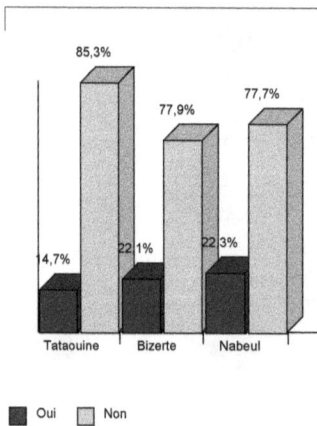

Source : enquête personnelle 2011

Paradoxalement, les régions les plus chaudes du sud du pays sont les moins équipées en climatisation, cela est dû selon les répondants à l'inutilité de climatiseur et par le manque des moyens et même par le cas de la santé.

La climatisation est entrée dans les mœurs, la majorité des enquêtés ne la jugent pas indispensable, mais s'expriment massivement en sa faveur.

-l'inutilité de climatiseur est un fort indicateur de la manque de climatisation: dans la région de Tataouine, trois sur quatre répondants croient que le climatiseur est inutile. Cet indice donne l'idée que la population du sud est bien adaptée à son milieu. Au Nord, plus qu'un tiers des répondants qui n'ont pas un climatiseur affirment que le climatiseur est inutile.

-l'indicateur économique et le mode de vie : un équipement qui reste cher : parmi les indicateurs, pour ceux qui n'avaient pas un climatiseur à leur portée, est la manque des moyens. Au Nord, presque un sur deux participants n'a pas les moyens pour acheter un climatiseur pour se rafraichir. La même catégorie à Tataouine ne dépasse pas 24,1%.

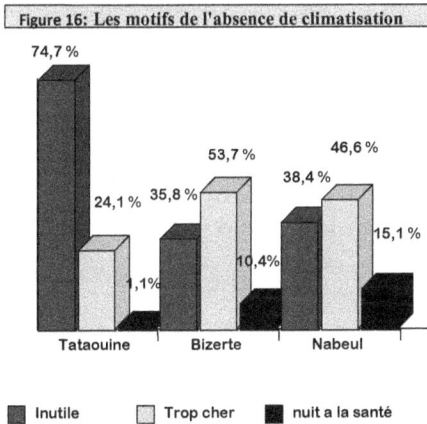

Figure 16: Les motifs de l'absence de climatisation

74,7 %

53,7 %

46,6 %

38,4 %

24,1 % 35,8 %

15,1 %

10,4%

1,1%

Tataouine   Bizerte   Nabeul

■ Inutile   ☐ Trop cher   ■ nuit a la santé

Source : enquête personnelle

Pour la population du Nord, le principal frein à l'acquisition de la climatisation est une question de budget. 53,7% à Bizerte et 46,6% à Nabeul des personnes les jugent peu économique car il provoque une surconsommation d'énergie, et la majorité considère son acquisition coûteuse.

-*motif sanitaire* : 8,4% des personnes enquêtées estiment que le climatiseur est surtout préjudiciable pour la santé et pour l'environnement, notamment parce qu'il peut provoquer des chocs de température ou des maladies respiratoires.

II.3.2 - Modes d'utilisation de la climatisation à domicile durant les vagues de chaleur

L'utilisation d'un climatiseur pour rafraichir l'air du domicile varie au long du jour d'une personne à une autre. Parmi les répondants, dont le domicile était doté d'un climatiseur, un sur deux utilise le climatiseur au milieu de la journée, un sur cinq utilise le climatiseur pendant toute la journée et l'un tiers pendant la nuit lors d'une vague de chaleur.

Tableau 12 : Période d'utilisation du climatiseur à domicile

Période d'utilisation	nombre de citation	fréquence
milieu du jour	31	49,2%
toute la journée	13	20,6%
la nuit	19	30,2%
TOTAL CITATION [9]	63	100%

Source : enquête personnelle 2011.

Les participants résidant au nord du pays (Nabeul, Bizerte) servant de leur climatiseur la nuit pour rafraichir leur logement dans un contexte de chaleur accablante est de l'ordre de 52,2% à Nabeul et 25% à Bizerte. (Tableau 13 et 14)

Tableau 13: Les périodes d'utilisation de la climatisation à Bizerte

moment d'utilisation	Nombre de citation	fréquence
milieu du jour	9	37,5%
la nuit	6	25,0%
toute la journée	9	37,5%
TOTAL CITATION	24	100%

Source : enquête personnelle 2011

---

[9] Les pourcentages sont calculés par rapport au nombre de citations ayant un climatiseur.

Tableau 14 : les périodes d'utilisation de la climatisation à Nabeul

moment d'utilisation	nombre de citation	fréquence
milieu du jour	8	34,8%
la nuit	12	52,2%
toute la journée	3	13,0%
TOTAL CITATION	23	100%

Source : enquête personnelle 2011

Lors d'une vague de chaleur, non seulement les jours sont très chauds, mais surtout parce que la nuit, la température ne se baisse pas suffisamment pour permettre au corps de se reposer. La climatisation à la maison est donc une nécessité pour parer à des éventuelles montées en températures. Donc la climatisation du logement pendant la nuit a été la principale raison évoquée par les répondants qui n'ouvrent jamais leurs fenêtres la nuit lors des vagues de chaleur. D'autres raisons expliquent l'utilisation du climatiseur pendant la nuit dans les villes du nord (Bizerte, Nabeul). A cause du bruit étéolien, pollution et l'invasion des moustiques, la ville devient un environnement non propice au sommeil.

Dans le sud, l'utilisation de climatiseur pendant la nuit est très faible. Seulement 6,3% des répondants qui ont accès à un climatiseur à Tataouine utilisent leurs biens.

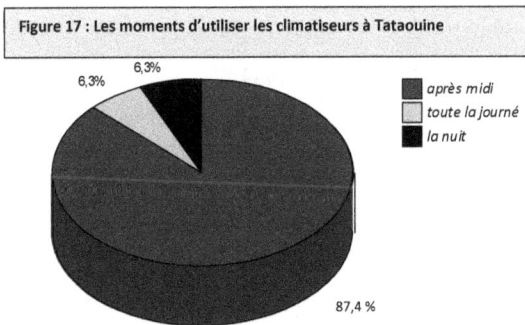

Figure 17 : Les moments d'utiliser les climatiseurs à Tataouine

6,3% 6,3%

après midi
toute la journé
la nuit

87,4 %

Source : enquête personnelle 2011.

La majorité des participants de Tataouine utilisent leur climatiseur au milieu du jour. La nuit est le temps de rafraichir la maison par l'ouverture des fenêtres. L'utilisation a fluctué selon divers caractéristiques sociodémographiques liées à l'état de santé ou au logement.

II.3.3 - Accès aux ventilateurs à domicile

L'accès à des ventilateurs à domicile est loin d'être marginal : deux répondants sur trois ont rapporté en posséder au moins un. (Tableau 17).

Le ventilateur est un mode de lutte contre la forte chaleur de l'air. De jour, les résidants se reposent plusieurs heures dans leur chambre. Les personnes d'une certaine corpulence à faible mobilité ont souvent besoin d'un apport d'air plus important afin de mieux respirer. En été, ils souhaitent pouvoir ouvrir les vitres fenêtre.

Tableau 15 : Taux d'équipement en ventilation à domicile à Tataouine, Bizerte et Nabeul

ventilateur	nombre de citation	fréquence
oui	177	62,8%
non	105	37,2%
Total citation	282	100%

Source : enquête personnelle 2011.

Le ventilateur à domicile est un équipement moins couteux, dont la proportion d'accès est presque la même entre les régions de la Tunisie. L'accès aux ventilateurs ne reflète pas l'importance de cet appareil.

Lors d'une vague de chaleur, beaucoup des répondants qui se sont servit d'un ventilateur ne l'utilise jamais.

II.3.4 - Mode d'utilisation des ventilateurs à domicile durant les vagues de chaleur :

Les avis divergent sur la question de savoir si l'utilisation du ventilateur électrique en cas de chaleur extrême augmente ou empêche la perte de chaleur par un temps chaud et humide.

La fréquence de l'utilisation des appareils de ventilation de façon intermittente pendant le jour ou la nuit seulement, varie selon les régions, le type de logement et l'état de santé des individus.

Parmi ceux qui possèdent un ventilateur à domicile, un enquêté sur quatre n'utilise pas son appareil lors d'une journée très chaude.

Figure 18: Le taux d'utilisation des ventilateurs à domicile

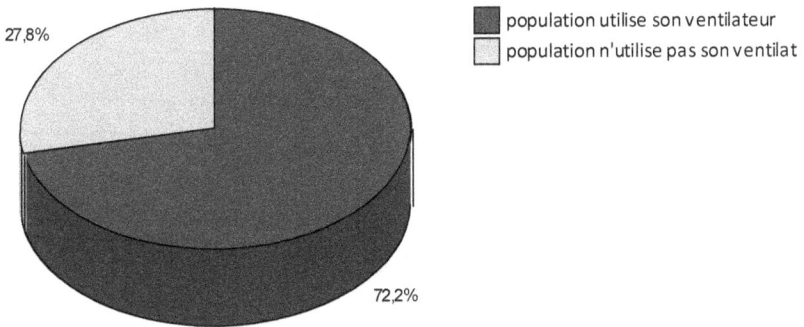

Source : enquête personnelle 2011.

L'utilisation des ventilations à domicile varie selon les régions de résidence et selon l'âge des répondants. Dans le Nord du pays, 18,5% à Nabeul et 26,2% des personnes enquêtés à Bizerte ont accès à un ventilateur n'ont pas besoin de l'utiliser lorsqu'il fait chaud. La majorité déclare que cet appareil n'est pas efficace. D'autres évoquent des raisons sanitaires ou la possession d'un climatiseur.

Tableau 16 : les principales raisons du non usage des ventilateurs à Nabeul et Bizerte

Cause \ Effectifs	Nabeul		Bizerte	
	Nombre citation	Fréquence	Nombre citation	Fréquence
Jugé inutile	9	75 %	7	63,6 %
Autres causes	3	25 %	4	36,4 %
Total citation	12	100 %	11	100 %

Source : Enquête personnelle

47

A` Tataouine, uniquement 62,3% utilisent leurs ventilateurs lors d'une vague de chaleur. Influencé par le faible usage des ventilateurs pendant la nuit, dont la forte utilisation est de l'ordre de 87% au milieu de la journée.

Figure 19: Les moments de la journée d'utilisons les ventilateurs à Tataouine

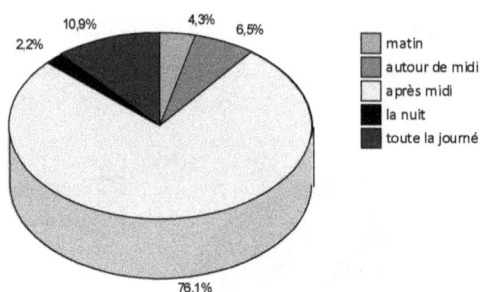

matin
autour de midi
après midi
la nuit
toute la journé

Source : enquête personnelle 2011.

La région, l'âge et le sexe sont des facteurs qui permettent de discriminer les participants qui utilisent leurs ventilateurs la nuit lors des canicules de ceux qui l'utilisent uniquement pendant le jour.

En effet, durant les nuits de chaleur accablantes, le taux de personnes âgés de moins de 40 ans qui se rafraichissaient à l'aide des ventilateurs est environ le double que celui chez les personnes plus âgées. Par contre, les plus jeunes sont plus sensibles et cherche à se rafraichir aux moments de la journée.

Tableau 17 : les moments d'utiliser les ventilateurs à domicile selon l'âge

Période âge	autour de midi	après midi	la nuit	toute la journée	TOTAL
20 à 40 ans	61,5%	56,8%	66,7%	41,7%	51,8%
40 à 60 ans	23,1%	29,6%	28,6%	50,0%	31,6%
Plus de 60 ans	15,4%	13,6%	4,8%	8,3%	16,7%
TOTAL[10]	100%	100%	100%	100%	100%

Source : enquête personnelle 2011.

L'usage des ventilateurs varie selon les régions de la Tunisie, chacune à ses propres caractéristiques climatiques locales. A` Tataouine l'usage des

---

[10] Les valeurs du tableau sont les nombres de citations (148) qui utilisent les ventilateurs

ventilateurs pendant la nuit est très faible par rapport aux autres régions du nord (tableau 16). Pendant la nuit, la chaleur à l'intérieur de la maison est plus élevée qu'à l'extérieur. Il s'explique également par la ventilation nocturne naturelle, il dépend principalement de la température de l'air extérieur, au débit d'air, du transfert de chaleur entre l'air extérieur et le bâtiment, conditionné par le type de circulation de l'air dans les locaux et de la masse thermique.

Tableau 18: les moments d'utiliser les ventilateurs à domicile selon la région de résidence.

domicile/moment d'utilisation les ventilateurs	matin	autour de midi	après midi	la nuit	toute la journée	TOTAL
Tataouine	4,3%	6,5%	76,1%	2,2%	10,9%	100%
Bizerte	0,0%	2,5%	62,5%	30,0%	5,0%	100%
Nabeul	0,0%	14,1%	32,8%	45,3%	7,8%	100%
TOTAL[11]	1,3%	8,7%	54,0%	28,0%	8,0%	100%

Source : enquête personnelle 2011

Jusqu'à présent, peu de recherches ont porté sur les effets physiologiques de l'utilisation du ventilateur. Il est donc difficile d'évaluer les risques et les avantages de son utilisation par les personnes âgées et les autres populations vulnérables en cas de chaleur et d'humidité élevées.

Il y a toujours peu d'information sur l'efficacité du ventilateur en cas de chaleur extrême. Pour cette raison, nous avons essayé de trouver une explication convaincante avec le lien entre plusieurs facteurs individuels (âge, sexe..).

Tableau 19 : Utilisation de ventilation selon le sexe des enquêtés

Période / genre	autour de midi	après midi	la nuit	toute la journée	TOTAL
féminin	46,2%	51,9%	42,9%	41,7%	41,5%
masculin	53,8%	48,1%	57,1%	58,3%	58,5%
TOTAL	100%	100%	100%	100%	100%

Source : enquête personnelle 2011.

---

[11] Les valeurs du tableau sont les pourcentages en ligne établis sur 150 citations.

Dans les régions de Nord (Nabeul, Bizerte) l'humidité de l'air est généralement plus élevée que celle de Tataouine. Si la température est aussi élevée le taux d'évaporation de la sueur diminue. La nuit, la température est généralement inférieure à l'extérieur, l'utilisation des ventilateurs est bien efficace, car le bon sens dicte qu'un ventilateur placé dans la fenêtre peut faire entrés l'air plus frais de l'extérieur et diminue la température de la pièce.

Dans le sud, l'humidité est généralement faible, le fait d'utiliser le ventilateur la nuit en cas de chaleur extrême, la température peut être beaucoup plus élevée à l'intérieur et il peut être dangereux de faire circuler que cet air extrêmement chaud. Ce qui explique le faible usage de la ventilation pendant la nuit.

II.4 - Lieux villégiatures estivales et rafraichissement durant les fortes chaleurs :

Pour se rafraichir lors des canicules 33% des répondants quittent leur résidence pour fréquenter les plages. Les restes des répondants préfèrent rester chez eux.

Plusieurs stratégie d'adaptation à la chaleur ont été adoptée de façon similaire par les répondants préfèrent rester à domicile lors d'une canicule relativement à ceux qui privilégient d'autres lieux.

Lors d'une vague de chaleur, la plage était le lieu public le plus fréquenté par les participants quittant leur domicile pour se rafraichir dans les régions côtières. 50% des répondants de Bizerte et 46,6% de Nabeul fréquentent la plage comme un lieu disponible pour le rafraichissement. Or, uniquement 5,5% des répondants de Tataouine vont à la mer lors de canicule. Les lieux de villégiature situés sur les côtes possèdent une température moyenne inferieure à celle de la ville. La climatisation est un indicateur très important influencé sur la proportion de fréquentation des plages, ceux qui ont équipés d'un climatiseur préfèrent rester chez eux.

Tableau 20: les modes de rafraichissement influencé par la climatisation

climatisation/rafraichir	douche	mer	rien	autre	TOTAL
oui	21,2%	19,4%	5,3%	26,9%	19,5%
non	78,8%	80,6%	94,7%	73,1%	80,5%
TOTAL	100%	100%	100%	100%	100%

Source : enquête personnelle 2011.

Les participants séjournés dans un appartement non climatisé quittent leur domicile pour se rafraichir durant les journées chaudes 10 fois plus souvent.

D'autres facteurs incitent de rester chez soi durant les canicules pour ces qui ayant des enfants mineurs ou des bébés. Pour ceux qui sont loin de la mer, occupent d'autre modes pour ce rafraichir, comme les grottes et les caves qui sont nombreux à la région de Tataouine.

Le revenu des participants est un indicateur très important qui explique la limite des lieux privilégiés.

II.5 - Les modes de protection contre le soleil et la forte chaleur

II.5.1 - Les moments d'ouvrir les fenêtres lors d'une vague de chaleur

Pour rafraîchir la maison durant les canicules, 51,7% n'ouvrent pas les fenêtres lors de la canicule. Les moments d'ouverture pour les autres, est généralement le matin et la nuit. Dans le sud tunisien, l'air influencé par le Sahara devient très chaud pendant la journée. Les participants de Tataouine, n'ont jamais ouvert les fenêtres à midi et à l'après midi pour empêcher l'air chaud d'enter dans la maison.

Tableau 21 : proportion des personnes ouvrent les fenêtres lors d'une vague de chaleur.

Tataouine		
Ouverture des fenêtres	nombre de citation	fréquence
oui	16	15,7%
non	86	84,3%
TOTAL CITATION[12]	102	100%

---

[12] Ce tableau est construit sur la strate de population 'Tataouine' contenant 102 observations.

Bizerte

Ouverture des fenêtres	nombre de citation	fréquence
oui	47	54,7%
non	39	45,3%
TOTAL CITATION[13]	86	100%

Nabeul

Ouverture des fenêtres	Nombre de citation	Fréquence
oui	57	61,3%
non	36	38,7%
TOTAL CITATION[14]	93	100%

Source : enquête personnelle 2011.

La nuit, la plupart ouvre les fenêtres pour emmagasiner l'air frais qui vient de brise de vallée et de montagne, la terre se refroidit très rapidement.

II.5.1.1 - Les brises de montagne

Les brises de montagne sont des vents ayant un caractère local et cyclique dont l'origine est thermique. Durant la journée, le sol s'échauffe par l'action du soleil. Par conduction, l'air présent au niveau du sol s'échauffe lui aussi. Par dilatation, son volume augmente alors que sa masse reste constante. Si la masse d'air qui vient de s'échauffer se situe le long d'une pente, elle va la longer pour des raisons de viscosité et ainsi créer le mouvement des brises.

II.5.1.2 - Les brises de vallée

Elles sont la résultante globalisée des brises de pente : Puisque sur les pentes montagneuses l'air à tendance à s'élever durant la journée, cela créer une dépression au pied des montagnes qui "aspire" l'air des vallées environnantes. Les brises de vallée souffleront donc le plus souvent, des vallées de basses altitudes vers les vallées de hautes altitudes à la journée, et inversement la nuit.

---

[13] Ce tableau est construit sur la strate de population 'Bizerte' contenant 86 observations.
[14] Le tableau est construit sur 94 observations. Les pourcentages sont calculés par rapport au nombre de citations à Nabeul.

II.5.1.3 - Les brises de mer

La surface du sol se réchauffe plus vite que la surface de mer. L'air au-dessus du continent s'échauffe plus fortement que sur la mer. Il devient plus léger et s'élève, créant ainsi une dépression qui tend à équilibrer un vent local, relativement frais, l'air marin vient prendre la place de l'air continental.

II.5.1.4 - Les brises de terre

La nuit, l'air devient relativement plus froid sur la terre que sur la mer, et le courant des basses couches, se dirige au sens inverse de la terre vers la mer.

II.5.1.5 - L'influence du continent

Les surfaces continentales évoluent thermiquement de manière extrêmement rapide. Elles réchauffent très vite la journée avant de perdre tout aussi vite leur chaleur durant la nuit (Ben BOUBAKER ,2006)[15].

Les conditions thermiques nocturne, lors d'une vague de chaleur, est plus mieux que le jour. L'homme se repose en cherchant le plein air, de dormir sur les toits des bâtiments, et fais rafraichir leur logement en laissent les fenêtres ouvertes.

En conclure que les comportements d'adaptation sont influencés par des conditions climatiques locales.

Figure 20 : Les temps d'ouvrir les fenêtres lors d'une vague de chaleur

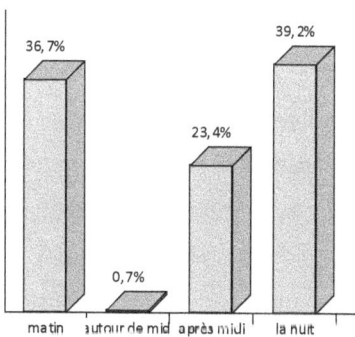

Source : enquête personnelle 2011.

---

[15] Topoclimatologie –chap.3. L'influence de la mer et des océans sur les éléments du climat .p 8.

De plus, les moments d'ouverture les fenêtres sont influencées généralement par l'usage des climatiseurs pendant la nuit.

II.5.2 - Activités réalisées durant les fortes chaleurs :

Malgré les températures accablantes, 70,2% des participants ont rapporté faire des activités à l'extérieur ou des emplettes durant les vagues de chaleur. Le temps de sortir est généralement le matin, l'après midi et parfois toute la journée. Ce pourcentage est varié selon les régions, le sexe et l'âge :

-Dans la région du sud, 88,2% des enquêtant résidant à Tataouine quittent la maison pour faire des activités malgré la forte chaleur. Deux tiers des répondants préfèrent sortir le début de la journée. Pour les restes, ils sont bien adaptés à la forte chaleur. La vague de chaleur ne représente aucun problème pour eux. L'après midi, est le temps défavorable de sortir à cause de forte chaleur exercée par le surplus de rayonnement solaire et de rayonnement terrestre.

Tableau 22: Les moments de sortir à Tataouine[16].

moment de sortir	nombre de citation	fréquence
matin	56	61,5%
après midi	1	1,1%
toute la journée	34	37,4%
TOTAL CITATION	91	100% [17]

Source : enquête personnelle 2011.

Les facteurs environnementaux qui influent sur le stress due à la chaleur sont notamment la température de l'air, l'humidité, le mouvement de l'air et les sources de chaleur rayonnantes, et le travail en plein soleil ou dans un endroit chaud. Ces facteurs influent sur le temps de l'activité de l'homme.

Dans le nord les conditions thermiques sont plus modérés à cause de la mer, ce qui encourage de sortir l'après midi. La plupart de ceux qui sortent pour faire des affaires lors d'une vague de chaleur préfèrent sortir le matin.

---

[16] Ce tableau est construit sur la strate de population 'Tataouine' contenant 102 observations
[17] Les pourcentages sont calculés par rapport au nombre de citations.

Tableau 23 et **Tableau 24**: les moments de sortir lors d'une vague de chaleur à Nabeul et Bizerte.

moment de sortir à Bizerte[18]	nombre de citation	fréquence
matin	28	52,8%
après midi	16	30,2%
toute la journée	9	17,0%
TOTAL CITATION.	53	100%[19]

moment de sortir à Nabeul[20]	nombre de citation	fréquence
matin	49	72,1%
après midi	8	11,8%
toute la journée	11	16,2%
TOTAL CITATION	68	100%[21]

Source : enquête personnelle

Plus précisément, le fait de sortir lors d'une forte chaleur, est un indice d'adaptation. On remarque bien dans le tableau 25 la différence d'adaptation selon le pourcentage de population qui sort lors d'une vague de chaleur entre les régions.

Tableau 25: Les activités réalisées durant la vague de chaleur.

domicile/ activités pendant la vague de chaleur	oui	non	TOTAL[22]
Tataouine	88,2%	11,8%	100%
Bizerte	53,5%	46,5%	100%
Nabeul	66,0%	34,0%	100%
TOTAL	70,2%	29,8%	100%

Source : enquête personnelle 2011.

---

[18] Le tableau est construit sur la strate de population de Bizerte contenant 86 observations.
[19] Les pourcentages sont calculés par rapport au nombre de citations.
[20] Le tableau est construit sur la strate de population de Nabeul contenant 94 observations.
[21] Les pourcentages sont calculés par rapport au nombre de citations.
[22] Les valeurs du tableau sont les pourcentages en ligne établis sur 282 observations.

Lors des épisodes de fortes chaleurs, les facteurs de risques individuels viennent s'ajouter aux facteurs liés à la région de résidence. Les femmes sont les plus fragiles face aux conditions thermiques sévères. Deux femmes sur trois ne quittent jamais leur domicile lors d'une vague de chaleur à cause de leur sensibilité physique et mentale.

Tableau 26: activités réalisées durant les vagues de chaleur selon le sexe.

activités pendant la vague de chaleur/sexe	féminin	masculin	TOTAL
oui	31,8%	68,2%	100%
non	64,3%	35,7%	100%
TOTAL	41,5%	58,5%	100%

Source : enquête personnelle 2011.

-L'âge est un facteur individuel très intéressant pour comprendre la faire face à la forte chaleur. En cas de canicule, personne n'est à l'abri, mais certains groupes sont plus vulnérables, notamment : les aînés ; les nourrissons et les enfants d'âge préscolaire. Diverses recherches faites sur l'effet de la forte chaleur et ses conséquences sur les âgées ont dramatisé beaucoup le phénomène. Lorsqu'on prend en considération l'espérance à la naissance de vie en France qui n'a cessé d'augmenter entre 1950 et 2009, passant de 69,2 années pour les femmes et 63,4 années pour les hommes en 1950 à 84,5 années pour les femmes et 77,8 années pour les hommes en 2009(IRDES[23]) . Il est difficile de certifier que leur décès ont été causés par la chaleur et n'ont pas des décès naturel, due à leurs âges avancés.

En Tunisie, l'espérance à la naissance de vie ne dépasse pas les 74,5 années en 2009 (INS), la population âgée en Tunisie est donc moins fragile que celle en Europe.

Le tableau 27 donne l'impression de la bonne adaptation avec la chaleur caniculaire, 91,5% pour ceux qui ont dépassé les 60 ans quittant leur domicile lors d'une vague de chaleur.

---

[23] Institut de Recherche et Documentation en Economie de la Santé

La proportion de population qui faisait des activités à l'extérieur durant les vagues de chaleur selon la classe d'âge.

activités pendant la vague de chaleur/âge	20 à 40 ans	40 à 60 ans	plus de 60 ans	TOTAL
oui	60,3%	75,3%	91,5%	70,2%
non	39,7%	24,7%	8,5%	29,8%
TOTAL[24]	100%	100%	100%	100%

Source : enquête personnelle 2011.

La population du sud Tunisien est un exemple très significatif pour comprendre la relation entre l'homme et le milieu. Les populations des régions chaudes s'accoutument mieux à la chaleur. A Tataouine Les enquêtant âgés ont rapportés sortir de manière régulières lors d'une forte chaleur. Ces personnes ont une capacité d'adaptation plus importante.

Tableau 28 : La proportion de population qui fait des activités à l'extérieur durant les vagues de chaleur à Tataouine selon la classe d'âge

activités pendant la vague de chaleur/âge	20 à 40 ans	40 à 60 ans	plus de 60 ans	TOTAL
oui	83,3%	85,3%	96,9%	88,2%
non	16,7%	14,7%	3,1%	11,8%
TOTAL[25]	100%	100%	100%	100%

Source : enquête personnelle 2011

II.5.3 - la protection contre la chaleur

Lors d'une vague de chaleur, chacun à des moyens à prendre pour éviter les problèmes de santé associés à la chaleur accablante. Les comportements adoptés en période de chaleur accablante par les personnes interrogés sont influencés par des variables sociodémographiques liées à la région de résidence.

Le principal comportement adopté lors des canicules est l'usage d'un couvre tête, suivi d'un habillement de couleur clair et léger (fig. 22).

---

[24] Les valeurs du tableau sont les pourcentages en colonne établis sur 282 observations
[25] Ce tableau est construit sur la strate de population 'Tataouine' contenant 102 observations

Les principaux modes de protection contre la chaleur.

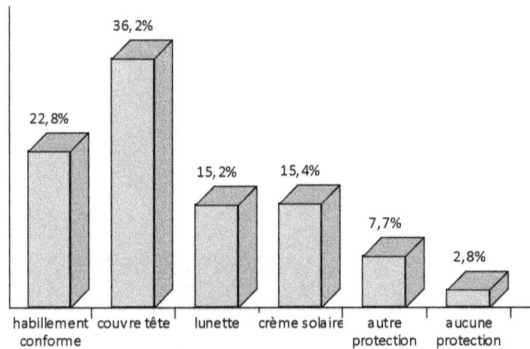

Source : enquête personnelle 2011.

La majorité des populations qui quittent leur domicile pour faire des activités à l'extérieur lors d'une vague de chaleur, appliquent des modes de protection.

Divers variables ont été associées à l'usage d'un couvre tête, au port de lunettes et à l'application de crème solaire.

II.5.3.1 - Les modes préventifs selon la région

Dans le sud chaud, quatre personnes sur cinq utilisent des habillements conformes à la chaleur ou des couvres tête.

Ces formes de protection, expliquent les caractéristiques adaptatives au fort ensoleillement et au rayonnement ultra violet plus intense. En atmosphère chaud, les vêtements étroits et synthétiques entravent l'évaporation de la sueur et ses bons conducteurs de la chaleur ambiante.

L'usage des modes préventifs dans les villes du Nord (Bizerte, Nabeul) différent à celle de Tataouine. Les interrogés appliquent le crème solaire plus fréquemment. 22,5% à Nabeul et 14,8% à Bizerte des répondants utilisent souvent ou toujours des lunettes soleil.

Tableau 29 : La proportion d'utilisation de protection selon les régions.

domicile/protection	type d'habillement	couvre tête	lunette	crème solaire	Autre protection	Aucune protection	TOTAL[26]
Tataouine	12,9%	18,0%	3,8%	2,4%	1,2%	0,2%	38,6%
Bizerte	9,1%	7,9%	4,8%	5,9%	3,8%	1,2%	32,7%
Nabeul	0,8%	10,3%	6,5%	7,1%	2,6%	1,4%	28,7%
TOTAL	22,8%	36,2%	15,2%	15,4%	7,7%	2,8%	100%

Source : enquête personnelle 2011.

II.5.3.2 - Les modes préventifs selon l'âge

Une grande proportion de populations âgées plus que 60 ans utilisent principalement un couvre tête et un type d'habillement estivale et jamais appliquer un crème solaire. Les modes classiques de protections contre le soleil appliqués généralement par les ainés, sont moins utilisés par les jeunes. La réaction des populations est bien préventive lors des vagues de chaleur, mais l'efficacité des comportements adoptés est en relation avec la perception de la chaleur. L'utilisation fréquente des modes de protection est un indice de vulnérabilité surtout pour les jeunes.

Seulement 2,6 % âgés de moins 40 ans et 3,2% moins de 60 ans n'utilisent aucun mode de protection lors de canicule. Ces pourcentages montrent la fragilité des générations actuelles et la génération future qui semble plus vulnérable face au réchauffement des prochaines décennies.

Tableau 30 : L'utilisation de protection contre la chaleur selon les classes d'âge.

âge/protection	habillement conforme	couvre tête	lunette	crème solaire	autre protection	aucune protection	TOTAL
20 à 40 ans	19,0%	29,9%	18,2%	21,5%	8,8%	2,6%	100%
40 à 60 ans	29,7%	36,8%	11,6%	11,0%	7,7%	3,2%	100%
plus de 60 ans	22,7%	60,6%	10,6%	0,0%	3,0%	3,0%	100%
TOTAL	22,8%	36,2%	15,2%	15,4%	7,7%	2,8%	100%

Source : enquête personnelle 2011.

---

[26] Les valeurs du tableau sont les pourcentages au total établis sur 495 citations.

Une exposition solaire excessive engendre une accélération du vieillissement et une augmentation du risque de survenue de tumeurs cutanées. Dans le but d'estimer les taux d'adaptation liés aux différents types de comportement des hommes et des femmes, une typologie de comportement préventif a été recherchée selon les modes de protection. Prenant en considération l'activité et le temps d'exposition au soleil, les femmes généralement moins susceptibles aux activités fatigantes que les hommes.

Pour les femmes ayant déclarés d'utiliser des modes de protection solaire, le tableau n : 28, montre le fort usage de couvre tête, le second indice de protection est l'application de crème solaire. La sensibilité naturelle de la peau chez les femmes est un essentiel raison de protection contre les rayons ultraviolets. Elles semblent moins bien supporter la chaleur.

Tableau 31 : l'usage des modes de protection selon le sexe.

sexe/protection	habillement conforme	couvre tête	lunette	crème solaire	autre protection	aucune protection	TOTAL
féminin	17,4%	24,9%	15,5%	29,1%	10,8%	2,3%	100%
masculin	27,0%	44,7%	14,9%	5,0%	5,3%	3,2%	100%
TOTAL	22,8%	36,2%	15,2%	15,4%	7,7%	2,8%	100%

Source : enquête personnelle 2011.

L'usage d'un couvre tête et le port d'habillement préventif sont les principaux modes de protection pour les hommes lors d'une vague de chaleur.

Globalement, les résultats obtenus pour les hommes sont comparables à ceux des femmes. La proportion d'usage de chaque produit de protection diffère selon le genre, le statut social et selon le revenu.

Selon le statut social : lors des journées radieuses, les fonctionnaires, non employeurs et les étudiants ont rapporté plus souvent de mettre de la crème solaire que les autres.

Tableau 32 : Les modes de protection selon le statut social

activité/protection	habillement conforme	couvre tête	lunette	crème solaire	autre protection	aucune protection	TOTAL
fonctionnaire	30,0%	37,3%	14,5%	13,6%	4,5%	0,0%	100%
étudiant	19,5%	24,4%	20,7%	23,2%	11,0%	1,2%	100%
privée	29,1%	38,8%	10,7%	9,7%	8,7%	2,9%	100%
rien	20,2%	31,7%	14,4%	19,2%	9,6%	4,8%	100%
autre activité	18,2%	49,1%	16,4%	9,1%	5,5%	1,8%	100%
ouvrier	7,3%	43,9%	17,1%	17,1%	4,9%	9,8%	100%
TOTAL	22,8%	36,2%	15,2%	15,4%	7,7%	2,8%	100%

Source : enquête personnelle 2011.

II-6 : L'architecture bioclimatique

Beaucoup pensent que la seule solution pour avoir un logement frais en été, est d'y installer un système de climatisation ou de rafraichissement de l'air. Mais cela va dans le sens d'une augmentation de consommation d'énergie. De plus, les fluides frigorigènes utilisés dans ces systèmes sont néfastes pour l'environnement : ce sont en particulier de puissants gaz à effet de serre.

Des solutions architecturales ou des techniques de construction adaptées, des comportements de bon sens, une bonne aération et un brassage de l'air efficace permettent de régler le problème.

Le confort est un phénomène que l'homme a toujours recherché dans le temps, l'architecture bioclimatique est une technologie d'adaptation aux conditions climatiques. La plupart des maisons construites d'une façon bien organisée et bien orientée pour la lutte contre les extrêmes thermiques ont un bon emplacement.

La méthode de construction et la forme du bâtiment prennent comptc de toutes les conditions climatiques extrêmes possibles qui caractérisent la région que ce soit en été ou en hiver. En ce qui nous concerne, c'est la lutte contre la forte chaleur essentiellement en été, car les principes de fonctionnement de l'architecture sont la recherche d'une maitrise des ambiances intérieures par l'adaptation au climat.

II.6.1 - La conception de l'architecture bioclimatique dans les régions chaudes

L'adaptation au climat est une donnée essentielle des constructions traditionnelles. Les exemples sont innombrables au sud tunisien face à la chaleur excédante tels que les murs épais construits en pierre, des fenêtres étroites au Nord, façades Est avec une vaste véranda orientée vers l'Est. L'exposition vers l'Est el le Nord Est, protège contre le vent dominant en été « Chehili » qui est très sec, chaud et chargé du sable.

La recherche d'un confort minimal, s'intéresse à la construction de l'architecture et à un plan stratégique du site. L'objectif est le confort thermique, face à la contrainte climatique qui est caractérisée par un été très chaud et un hiver froid dominé par le vent d'ouest qui est très sec.

Les régions de sud tunisien sont des régions arides et de climat saharien caractérisé par l'absence du couvert végétal et de faible humidité, et un fort ensoleillement. L'homme s'adapte avec le milieu par la forme de sa maison. La véritable architecture bioclimatique, celle qui utilise activement le climat extérieur pour la régulation du climat intérieur sans chauffage en hivers et sans ventilation en été.

La construction avec des matériaux qui composent les parois, les sols et les toits, ainsi que la forme pour les apports solaires peuvent être confortables en été comme en hiver (Salomon, 2000).

L'architecture bioclimatique est bien développée au sud, parce qu'elle est la synthèse d'une adaptation aux besoins du corps humain, et d'une connaissance approfondie des qualités des matériaux, et de la maitrise des ambiances. L'approche bioclimatique est l'une des plus importantes manières d'adaptation aux milieux chauds. Cette maîtrise est rendue possible par des approches complémentaires : la compréhension des besoins physiologiques, la maîtrise des flux de chaleur et de l'hygrométrie entre l'intérieur et l'extérieur. L'utilisation des données du climat et le choix d'un mode de chauffage en relation avec ce climat. Les besoins physiologiques sont variables suivant les individus mais certains critères communs entrent en compte dans la sensation de confort : la sensation à la surface de la peau, la respiration, la production de vapeur d'eau et l'activité (production de chaleur par le corps). Les conditions du confort sont données par la qualité du climat intérieur qui résulte de la température des parois et des masses, de la température de l'air, de l'hygrométrie ainsi que du mode de chauffage et du renouvellement de l'air.

L'architecture bioclimatique que l'on considère aujourd'hui comme une nouveauté n'est que le prolongement du savoir faire de l'architecture vernaculaire basée sur des connaissances intuitives du milieu et du climat.

Les fondements de cette architecture vernaculaire répondent au souci de l'homme de se protéger contre les rigueurs climatiques ou de se défendre contre les animaux sauvages.

II-6-2 : La véritable adaptation sans climatisation

L'homme est capable de maintenir sa température plus ou moins constante, dans une fourchette de conditions environnementales données, soit par des mécanismes physiologiques involontaires, soit avec un usage judicieux de tenue vestimentaire ou avec la variation de l'activité physique.

Ceci ne peut pas être suffisant sous des conditions climatiques difficiles comme c'est le cas dans les zones arides du Sahara à climat très rude. Dans ce cas, c'est le bâtiment qui doit assurer la fonction de confort de l'usager pour qu'il puisse pratiquer ses activités normalement. Pour atteindre un tel objectif, le concepteur est appelé à réunir les conditions favorables à la majorité des personnes, occupant un espace donné, par une analyse bioclimatique détaillée (M'sellem et Alkama, 2009) qui lui permet d'estimer le confort thermique en fonction des paramètres climatiques externes et faire le choix des techniques architecturales les mieux appropriées au cas étudié.

« Une maison qui a besoin de la climatisation est une maison mal conçue » (Salamon, 2004). D'où le climatiseur est un mode de rafraichissement polluant, gaspilleur d'énergie et peu accessible aux foyers modestes, qui sont aussi les plus exposés à la canicule. Productrice de gaz à effet de serre, elle contribue même au réchauffement du climat, donc l'architecture bioclimatique est la meilleure solution pour un bon confort thermique sans climatiseur.

III - Efficacité d'adaptation

III.1 - Population moins adaptée

Un facteur très important qui reflète le taux d'équipement en climatisation, c'est le phénomène de pauvreté. Les données sur les caractéristiques des logements et conditions de vie des ménages (INS ; 2004), a permis l'obtention d'informations qui définissent les populations économiquement vulnérables, et qui établissent des couches pauvres et qui identifient des facteurs de précarité sociale.

Dans le grand Tunis, il ya une forte dissemblance entre les différentes délégations au niveau d'équipement en électroménager. Les bons lieux à Tunis sont bien équipés en climatisation (la Marsa, El Menzeh, Carthage). En revanche, le faible accès est dans les cités les plus pauvres qui connaissent une densité très élevée.

Le climat urbain dans les lieux fortement peuplés est inconfortable, lors d'une vague de chaleur, à cause de densité et de pollution. Les bâtiments sont mal organisés et l'abondance des ruelles empêchent le vent de circuler librement.

Dans les bons lieux, les rues sont vastes, les bâtiments sont bien organisés avec une abondance des jardins qui luttent contre la forte chaleur.

III.1.1 - La vulnérabilité sanitaire

Selon l'organisation mondiale de la santé (WHO[27], 2010) sur la vulnérabilité de la population en Tunisie, La surcharge pondérale et l'obésité sont plus élevées chez les femmes adultes (62,5 %) que chez les hommes (48,3 %) et deux fois plus élevées en zones urbaines. Il en est de même pour la prévalence du diabète (6,7 % contre 3,6 % en zone rurale). La prévalence globale du tabagisme est estimée de 30 % (52,8 % chez les hommes, 5,2 % chez les femmes), mais elle baisse chez les jeunes instruits. Ces données rendent la population des grandes

---

[27] OMS:WORLD HEALTH ORGANIZATION (Organisation Mondiale de la Santé)

villes, notamment en grand Tunis, moins adaptable face à une forte chaleur et face aux évènements climatiques sévères.

III.1.2 - Acclimatation

L'acclimatation est un facteur de protection contre les catastrophes liées à la chaleur. Les épisodes de chaleur extrême qui survenaient tard durant l'été causaient généralement moins de catastrophes que les vagues de chaleur de même intensité qui survenaient vers la fin du printemps et au début de l'été (Kalkstein et Valimont, 1987). Bien qu'on puisse attribuer partiellement cette diminution relative des répercussions plus tard durant l'été à une réduction au début de l'été du nombre de personnes vulnérables après le premier épisode de chaleur. Les données probantes suggèrent que les survivants de la première vague s'acclimatent physiologiquement et par conséquent, réagissent plus efficacement aux épisodes de chaleur extrême subséquents (Kalkstein et Valimont, 1987).

Les comportements d'adaptation et les changements physiologiques, permettent aux personnes de mieux composer avec la chaleur, peuvent être à court terme ou à long terme. L'adaptation à long terme à la chaleur dépend en grande partie des changements de comportement (vêtements, niveau d'activités, etc.) et des changements culturels (conception des maisons, climatisation, etc.). L'acclimatation à court terme dépend des modifications physiologiques, qui se produisent généralement en quelques jours ou en quelques semaines et se traduisent par une réduction du stress associé à une charge thermique donnée.

III.1.3 - Stress thermique et chaleur urbaine

La chaleur urbaine signifie la différence de température observée entre les milieux urbains et les zones rurales environnantes. Plusieurs causes de source anthropique favorisent l'émergence et l'intensification des îlots de chaleur urbains. Ces causes sont les émissions de gaz à effet de serre, la perte progressive du couvert forestier dans les milieux urbains, l'imperméabilité et les bas albédos des matériaux, les propriétés thermiques des matériaux, la morphologie urbaine et la taille des villes ainsi que la chaleur anthropique (INSPQ[28], 2009).

Le recouvrement des sols par des matériaux imperméables, tels que l'asphalte et les matériaux utilisés pour la construction des bâtiments, les revêtements imperméables et les matériaux des bâtiments influencent le microclimat et les conditions de confort thermique. Ils absorbent beaucoup de chaleur durant le jour qu'ils rediffusent à l'atmosphère pendant la nuit, contribuant ainsi à l'effet d'îlot thermique urbain (Takashi *et al.,* 2006).

La chaleur accablante accentuée ou générée par les îlots de chaleur urbains peut créer un stress thermique pour la population et précisément les personnes ayant un faible niveau socioéconomique.

III.1.4 - Taille des villes et chaleur anthropique

La morphologie urbaine des villes, l'orientation et l'espacement des bâtiments, jouent un rôle dans la formation des ilots de chaleur urbains (USEPA[29], 2008).

La morphologie urbaine peut également influencer la circulation automobile et encourager ainsi les apports de chaleur et de pollution de l'air. L'homme produit la chaleur par les véhicules, les climatiseurs et l'activité industrielle qui peuvent avoir des impacts néfastes sur l'environnement et sur la santé surtout lors des épisodes de forte chaleur estivale.

III.2 - Population bien adaptée à la chaleur

III.2.1 - Les comportements d'adaptation

Pour améliorer sa tolérance à la chaleur, l'homme peut recourir à différentes attitudes comportementales. Dans les régions les plus chaudes notamment le sud de la Tunisie, les habitants ont des caractéristiques d'adaptation et des réactions comportementales illustrées par les particularités des modes de vie. L'architecture, les régimes alimentaires, la taille et les couleurs des vêtements

---

[28] Institut National de santé Publique du Québec
[29] United States Environmental Protection Agency

sont tous des particularités régionales accordées avec la nature du milieu de l'habitat.

Pour ceux qui n'ont pas un climatiseur semblent mieux adapter à la chaleur. La protection contre les risques thermiques prend la forme d'adaptation en augmentant la résistance de son organisme. Car la prévention de l'auto-résistance du corps lors d'une vague de chaleur par climatisation, est un facteur de risque.

III.2.2 - Facteurs influençant la thermorégulation

Si les réactions physiologiques des hommes qui vivent dans un milieu chaud sont semblables, leur intensité varie selon les individus. Les variations inter-individuelles sont importantes et principalement influencées par l'acclimatement. Sous l'effet d'expositions répétées ou prolongées, l'homme développe spontanément des ajustements adaptatifs lui permettant une meilleure tolérance à la chaleur.

Les personnes âgées, qui sont moins sensibles aux augmentations de température, portent plus volontiers des vêtements lourds même en période de forte chaleur. Ils sont les plus exposés durant leur vie à des vagues de chaleur. L'expérience joue un rôle très important pour mieux faire face à la forte chaleur.

Les vêtements les mieux adaptés à la chaleur sont ceux en coton, car c'est une matière qui a l'avantage d'absorber la transpiration, et qui permet donc une meilleure ventilation en laissant passer l'air.

IV - Le coût climatique d'adaptation

Les vagues de chaleurs qui touchent la Tunisie, entraînent une hausse importante de la consommation électrique qui montre certaines limites de notre système de production d'électricité. Pour se prémunir des températures excessives qui peuvent être dangereuses pour notre santé, nous faisons appel à divers types de ventilations et climatisations qui dépensent beaucoup d'énergie électrique. Plus notre climat se réchauffe, plus nous émettons des gaz à effet de serre qui augmenteront l'occurrence des canicules. On appelle cela un cercle vicieux qui pourrait bien venir à bout, de nos sociétés (Magdelaine C, 2006).

IV.1 - Les besoins énergétiques renforcés pendant l'été

La chaleur exceptionnelle en été entraîne une augmentation de consommation d'électricité, les fortes chaleurs obligeant à « fabriquer plus de froid » : les réfrigérateurs, congélateurs, climatiseurs, ventilateurs et instruments industriels de refroidissement ont été en effet pleinement sollicités.

Figure 22 : Évolution de la balance énergétique

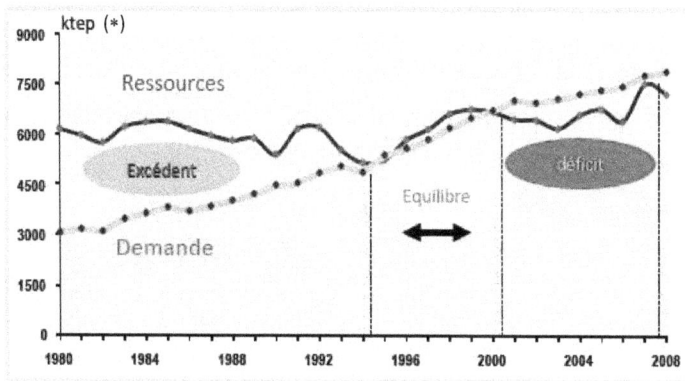

Source : ANME 2009[30]

D'après plusieurs études effectuées par la Société tunisienne de l'électricité et du gaz (STEG) portant sur l'évolution de la consommation de l'énergie électrique à l'échelle nationale, il s'avère que la courbe de charge électrique est

---

[30] Agence Nationale pour la Maîtrise de l'Énergie : Plan solaire Tunisien

(∗) Ktep : La tonne d'équivalent pétrole (symbole tep) est une unité d'énergie d'un point de vue économique et industriel. Elle vaut, par définition, 41,868 GJ (10 Gcal), ce qui correspond au pouvoir calorifique d'une tonne de pétrole. Elle sert aux économistes de l'énergie pour comparer entre elles des formes d'énergie différentes. Les équivalences sont calculées en fonction du contenu énergétique ;ce sont des moyennes choisies par convention. Les multiples les plus utilisés sont : la kilotonne équivalent pétrole (ktep) : 1 ktep = 1000 tep .la mégatonne équivalent pétrole (Mtep) : 1 Mtep = 1 000 ktep = 1 000 000 tep. *Encyclopédie scientifique : www.techno-science.net*

caractérisée par des périodes de pointe au cours desquelles la demande en électricité enregistre des pics.

En fait, la charge maximale annuelle de pointe est souvent enregistrée dans la matinée plus précisément vers midi, en été. Cela s'explique notamment par l'utilisation accrue de la climatisation.

La STEG à effectué en 1998 une enquête à ce propos. Les résultats font ressortir que la puissance des appareils de climatisation est estimée à 350 MW dont 53% relèvent de l'activité des services, 21% chez les clients domestiques et 26% pour le reste des clients. Par ailleurs, et par le passé, plus précisément durant les années 80, la courbe de charge électrique est caractérisée par un pic le soir en hiver, dû à un appel important à la charge pour la consommation domestique (éclairage, télévision…). A partir du début des années 90, une nouvelle tendance commence à se développer.

Figure 23: évolution de la courbe de charge d'électricité en été

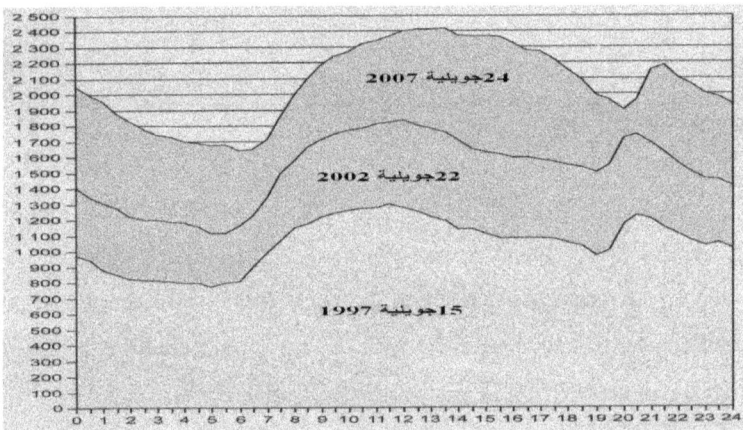

Source : ANME 2010[31]

Les explications parues dans les articles de presse de la STEG[32], le pic, appelé pointe du soir, s'est accompagné, à partir de la fin de 1988, d'une nouvelle

---

[31] Agence Nationale pour la Maîtrise de l'Énergie : Programme d'Efficacité Energétique en Tunisie
[32] Société Tunisienne de l'Electricité et du Gaz

pointe du jour qui s'étale entre 9h et 13 h et qui a commencé à prendre de l'ampleur surtout durant la saison de grande chaleur. Ce phénomène de pointe du jour est observé surtout durant les mois de juillet et août.

La consommation énergétique du secteur du bâtiment a connu une augmentation importante durant les dernières décennies (ANME, 2010), et continue à progresser d'une manière assez soutenue. Le développement économique soutenu de la Tunisie durant les dernières années, qui a induit une amélioration considérable du niveau de vie des ménages. Ceci a engendré une augmentation notable des besoins de confort, qui se traduits notamment, par un recours de plus en plus important aux équipements de chauffage et de climatisation.

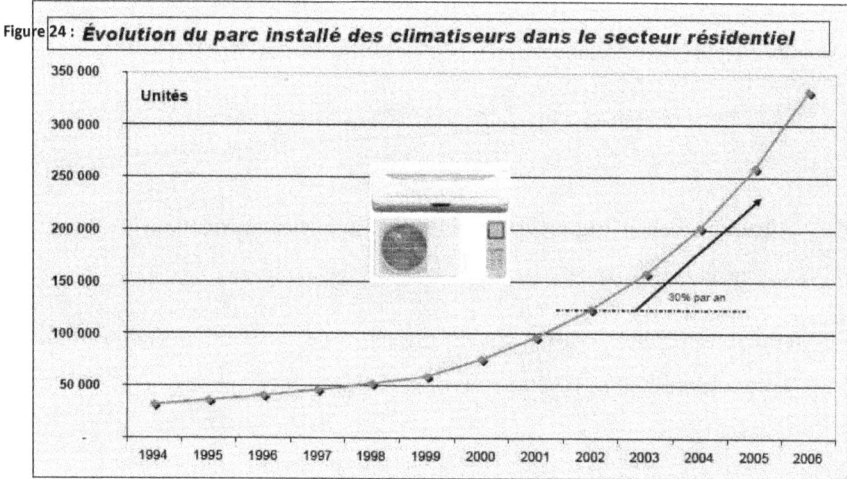

Figure 24 : *Évolution du parc installé des climatiseurs dans le secteur résidentiel*

Source : ANME 2010[33]

Face aux contraintes climatique et aux besoins énergétiques renforcés, l'ANME (Agence Nationale pour la Maitrise de l'Energie) et l'ANER (Agence Nationale des Energies Renouvelables) en 2004(ANER, 2004) ont fait un projet de

_____

[33] Agence Nationale pour la Maîtrise de l'Énergie : Programme d'Efficacité Energétique en Tunisie

Réglementation Thermique et Energétique des bâtiments Neufs en Tunisie(RTEBNT) (ANME, 2005). Le projet a pour objectif la mise en place d'une réglementation pour l'amélioration du confort thermique à l'intérieur des nouveaux bâtiments et la maitrise de la consommation énergétique dans les secteurs résidentiel et tertiaire. Le projet vient d'orienter les architectes vers une conception architecturale bioclimatique par la proposition de modèles architecturaux, des techniques et des matériaux de construction adaptés aux conditions climatiques et socioculturelles tunisiennes.

Un guide du zonage climatique de la Tunisie a été effectué sur la base des valeurs extrêmes de certains paramètres climatiques durant la période froide et chaude trois zones climatiques réglementaires (ZT1, ZT2 et ZT3).

Les axes adoptés dans l'élaboration des zones climatiques sont :

-La présentation des paramètres climatiques de la zone étudiée sans tenir compte des régions présentant des microclimats.

-des réflexions schématiques pour chaque paramètre climatique ayant une influence sur la construction.

-des réflexions schématiques pour les principes de conception architecturale, l'orientation des principes fonctionnels et les exigences de confort.

Figure 25: ZONAGE CLIMATIQUE DESTINE A LA REGLEMENTATION

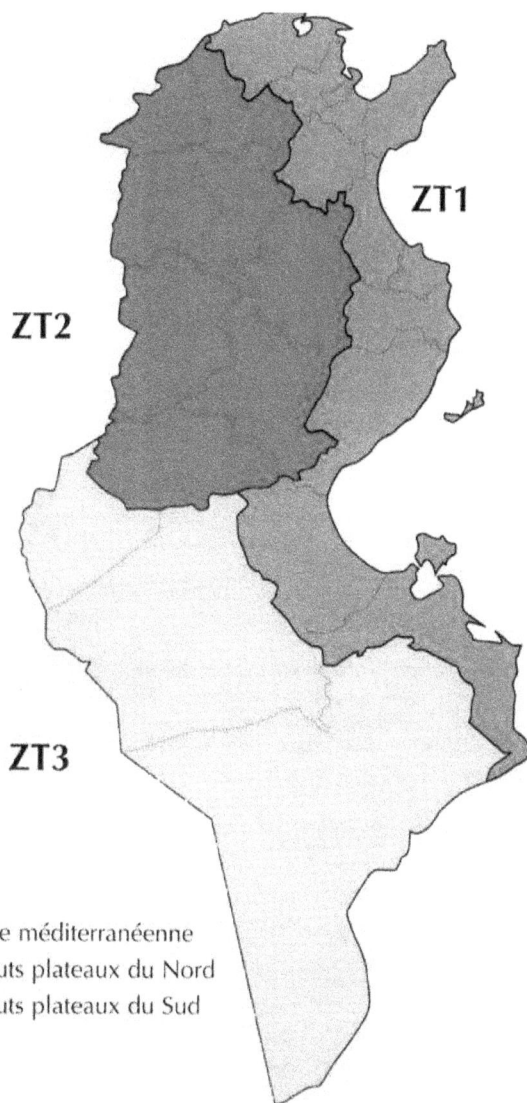

La zone **ZT1** : la zone méditerranéenne
La zone **ZT2** : les hauts plateaux du Nord
La zone **ZT3** : les hauts plateaux du Sud

Source : ANER 2004

Figure 26: ZONAGE CLIMATIQUE DESTINE AUX RECOMMANDATIONS

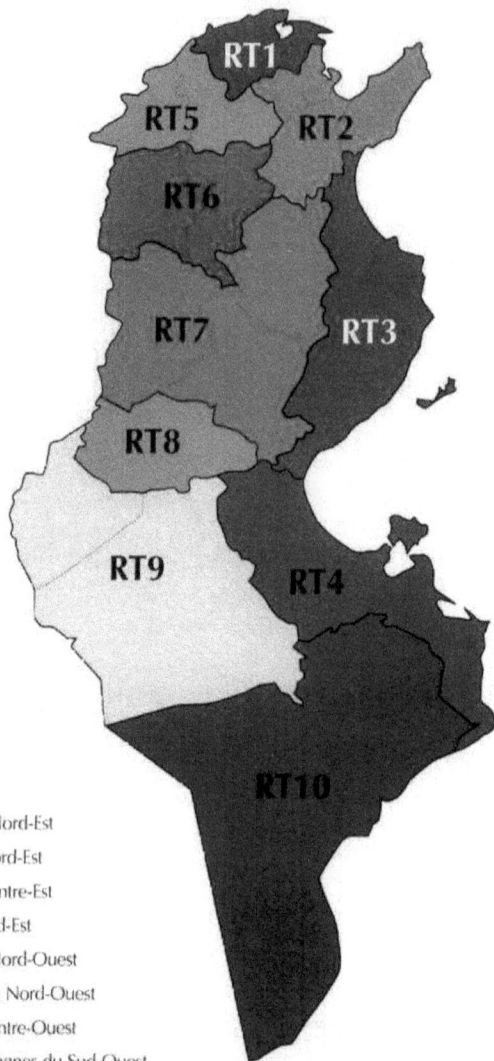

La région **RT1** : les plateaux du Nord-Est
La région **RT2** : les plaines du Nord-Est
La région **RT3** : les plaines du Centre-Est
La région **RT4** : les plaines du Sud-Est
La région **RT5** : les plateaux du Nord-Ouest
La région **RT6** : les montagnes du Nord-Ouest
La région **RT7** : les plaines du Centre-Ouest
La région **RT8** : plateaux et montagnes du Sud-Ouest
La région **RT9** : les oasis de montagne
La région **RT10** : les plaines désertiques du Sud

Source : ANER 2004

Les zonages climatiques sont fondés sur l'analyse du maximum d'ensembles des données climatiques moyennées sur une période d'au moins 5 ans. La période des données métrologiques n'est pas suffisante pour l'élaboration d'un découpage en zones climatiques. Les limites de zones climatiques ne peuvent pas être synchronisées avec les limites de la carte administrative. Le projet ne prend pas en considération, ni les modifications des milieux urbains qui influencent les microclimats ni les modes d'adaptation dans chaque région climatique.

Le projet d'outils d'aide à la conception de bâtiments économes en énergie est un guide de réflexion architecturale se base sur l'approche de l'atténuation de consommation d'énergie et non pas par une conception bioclimatique sans climatisation.

IV.2 - Forte consommation en eau :

En Tunisie, le tourisme représente un secteur économique très important, et une bonne source de devises pour le pays. Mais ce secteur occasionne aussi une grande consommation d'eau. Il se caractérise par une croissance régulière, notamment dans les régions côtières pauvres en eau. Il exerce une pression considérable sur les ressources en eau, avec un pic de consommation pendant les périodes de vacances et les mois d'été, lesquels subissent d'emblée une réduction naturelle des quantités d'eau disponibles.

Le premier est celui des disponibilités en eau pour la consommation : le tourisme consomme de l'eau potable et sanitaire. Il est aussi source d'autres consommations : celles des espaces verts des hébergements, des activités de loisirs (piscines, golfs etc.). La part modeste du tourisme dans la consommation d'eau ne suffit pas à l'exonérer de problèmes : la pression du tourisme est la plus forte au moment où les ressources en eau sont rares et demandées par l'irrigation. Elle est souvent localisée dans des lieux disposant de ressources limitées. Les évolutions envisagées sont donc inquiétantes : s'y adapter renvoie à la fois à des problématiques de stockage et à la définition de priorités par rapport aux usages concurrents :

Choisira-t-on de préserver l'irrigation des golfs ou celle du blé ou de céréale ? Ces tensions pourraient se renforcer si la Tunisie méditerranéenne devenait encore plus un pays de villégiature (assez chaud mais pas trop) pour les clientèles européennes.

Les épisodes de forte chaleur renforcent la consommation d'eau dans tous les secteurs, notamment le secteur touristique. L'eau est le principal mode de rafraichissement lors d'une vague de chaleur, la consommation domestique atteint son maximum dans les zones urbaines.

IV.3 - Renforcement des émissions des gaz polluants

Dès le XIXe siècle, les émissions de gaz à effet de serre (GES) sont occasionnées par les activités humaines comme le CO_2 (gaz carbonique), les perfluorocarbures (PFC), les hexafluorures de soufre (SF6) et les hydrofluorocarbures (HFC) (GIEC, 2007). Ces polluants sont présents dans les fluides frigorigènes utilisés pour la climatisation. Ces gaz ont un pouvoir de réchauffement très important vu leur composition moléculaire et leur durée de vie dans l'atmosphère. Ainsi, on parle de réchauffement de la Terre et de la perturbation du climat.

Les émissions totales de gaz à effet de serre en Tunisie dues au secteur énergétique se sont élevées de 62% au cours de la période 1990 - 2003, passant ainsi de 4 MtC à 7 MtC (3,8% de taux annuel moyen de croissance) (Hélio International, 2005). Les émissions de CO_2 représentent à elles seules 91,3% des émissions totales de GES du secteur de l'énergie en 2003 et ont évolué pratiquement avec les mêmes tendances que celles des émissions totales 3,7% de taux annuel moyen de croissance. En 2003, les émissions totales des émissions de CO2 se sont élevées à 20,8 Mt (6 MtC) dont 91,9% liées à la combustion de l'énergie et 8,1% d'émissions fugitives (Hélio International, 2005). La croissance des émissions est principalement tirée par le secteur des transports.

L'usage de climatiseur dans les moyens de transport est très fréquent en Tunisie. Selon l'étude de l'Agence régionale de l'environnement de Haute-Normandie (AREHN, 2006), le climatiseur entraîne une surconsommation de carburant : 3 litres au 100 kilomètres en ville et 10 % sur route. Soit une émission supplémentaire de 5 % de CO2 annuelle et de 50 % pour les oxydes d'azote (Gagnepain L, 2006). Les constructeurs automobiles font des efforts pour lutter contre la pollution mais la climatisation gâche ces efforts.

Le coût de l'adaptation pour tous les pays en développement est estimé dans les principaux secteurs économiques, sur la base d'ensembles de données nationales ayant une portée mondiale, et comprend notamment une évaluation partielle du coût d'adaptation pour les services écosystémiques. L'impact des variations de la fréquence des épisodes météorologiques extrêmes est un facteur important dans les coûts. Le coût de l'adaptation aux évènements météorologiques extrêmes peut jeter les bases d'une interprétation commune des conséquences de l'adaptation, du rôle que le développement y joue et des réorientations qui peuvent la faciliter. Mais de nombreuses questions restent sans réponses et qu'il est indispensable de poursuivre les recherches.

CONCLUSION

Les très fortes chaleurs ont tendance à prendre de plus en plus d'ampleur, en termes de fréquence et d'intensité. Les épisodes des fortes chaleurs varient selon les régions, ils sont généralement influencés par les déterminants géographiques.

La définition des fortes chaleurs en Tunisie se réfère impérativement au contexte climato-thermique de chaque région. Dans ce travail, nous avons cherché de définir et d'identifier la forte chaleur selon les différents modes d'adaptation utilisée par la population de quelques régions. Notre étude prend en considération les facteurs individuels et environnementaux pour savoir l'efficacité d'adaptation face aux fortes chaleurs. Elle permette d'approfondir la connaissance de la vulnérabilité de l'être humain en fonction de l'âge, du sexe et du milieu de vie.

Dans ce travail, en décrivant comment plusieurs tunisiens s'adaptent durant les fortes chaleurs. Il nous permet également d'esquisser un début de réflexion sur la question : pourquoi certains d'entre eux sont davantage vulnérables que d'autre ?

Enfin, les modes d'adaptation artificielle exercent un cout climatique s'explique par la forte consommation d'énergie. Plus notre climat se réchauffe, plus nous émettons des gaz à effet de serre qui augmenteront l'occurrence des canicules.

BIBLIOGRAPHIE

- Agence Nationale des Energies Renouvelables (ANER). 2004 : Zonage climatique de la Tunisie. Document numérique consulté sur : www.anme.nat.tn
- Agence Nationale pour la Maîtrise de l'Énergie. 2010: Programme d'Efficacité Energétique en Tunisie. Document consulté sur le site : www.anme.nat.tn
- Agence Nationale pour la Maitrise d'énergie. 2005 : Données climatique de base pour le dimensionnement des installations de chauffage et de refroidissement. *Réglementation thermique et Énergétique des Bâtiments Neufs en Tunisie. ANME,*
- Agence régionale de l'environnement de Haute-Normandie. 2006 : La climatisation en voiture, source de pollution. Document numérique consulté sur : www.arehn.asso.fr
- Alain J Valleron et Boumendil A. 2004 : Epidémiologie et canicules : analyses de la vague de chaleur 2003 en France. *C.R. Biologies 327,*1125-1141 .Site Internet : elec.polytech.unice.fr

- Alouane T. 2002 : Les ambiances climatiques dans les principales régions touristiques de la Tunisie. *Thèse de Doctorat (en Arabe)*, Université de Tunis, FSHS, 470 pages.
- Andre S., Allo J C., Claessens Y-E. 2007 : Hyperthermie d'effort- coups de chaleur, *Médecine D'urgence*. Document numérique consulté sur : www.urgences-serveur.fr

- ANME. 2005: Données climatiques de base pour le dimensionnement des installations de chauffage et de refroidissement. Document consulté sur : www.enerbat.nat.tn

- Ben Boubaker H.1996 : Les gradients climatiques en Tunisie : Application à la température et à la pluie, *Thèse de 3ème cycle*, Faculté des Sciences Humaines et Sociales de Tunis, 398p.

- Ben Boubaker H. 2009 : Fortes chaleurs et topoclimat thermique à Siliana (Tunisie tellienne).*Géographie et Développement*, 18, 65-92.

- Ben Boubaker H. 2010 : Les Paroxysmes climato-thermiques en Tunisie : Approche méthodologique et étude de cas. *Climatologie*, vol.7, 2010.

- Ben Boubaker H, CHAHED M k. 2010 : Fortes chaleur et surmortalité en Tunisie : Approche geo-climatique, pp 28. (publication en cours)

- Beniston M and Stephenson D. 2004: Extrem climatic events and their evolution under changing climatic conditions. *Global and Planetary Change*, vol 44, p1-9   Site Internet : www.risknat.obs.ujf-grenoble.fr

- Besancenot J.P. 2002 : Vagues de chaleur et mortalité dans les grandes agglomérations urbaines. *Environnement, Risques et Santé* 2002, vol 1, no 4, p.229-240.

- Besancenot J.P. 1990 : *Climat et tourisme*, Masson, paris ,1990 ,223p.

- Catherine Baillouil. 2007 : Travail en ambiance thermique chaude, SFRP *LAHAGUE*, 18-19. Site Internet : www.sfrp.asso.fr

- Christophe Magdelaine. 2006 : Canicule et augmentation de la consommation électrique : un cercle vicieux. Publication : Le site de référence en environnement et sciences de la terre depuis 2001. Site Internet : www.notre-planete.info

- Martinet C, Meyer J.P. 1999 : Travail à la chaleur et confort thermique, NST 184, décembre 1999 :1-60. Site Internet : lara.inist.fr

- Dynamique spatio-temporelle d'un événement météo-climatique extrême : La canicule de l'été 2003 en Europe de l'Ouest. *Annales de l'association Internationale de Climatologie*, vol 2,2005 : 99 – 136. Site Internet : www.climato.be

- El Melki T. 1996 : Les masses d'air sur la Tunisie. *Thèse Doct. 3 ème cycle*, Tunis, 328p.

- El Malki T.2007 : Invasions thermiques et concentrations de polluants atmosphériques dans la basse troposphère de Tunis. *Climatologie,* vol.3-4, pp. 105-129.

- Escourrou G. 1996 : La variabilité du climat et l'homme. *In : la variabilité du climat et stratégie d'adaptation humaine en Tunisie.* Publication de l'université Tunis I, série colloque 7,17-26.

- Escourrou P. 1994 : Le climat et la santé de l'homme, les modalités d'étude de leurs relations. *In* : La variabilité du climat et l'homme en Tunisie. Publication de l'université Tunis I, série colloque 7,175-189.

- Gagnepain L. 2006 : La climatisation automobile : Impacts consommation et pollution. *Département Technologies des Transports,* ADEM, 2006. Rapport interne 2pages.

- GIEC. 2007 : Bilan 2007 des changements climatiques : Contribution des Groupes de travail I, II et III au quatrième Rapport d'évaluation du Groupe d'experts intergouvernemental sur l'évolution du climat [Equipe de rédaction principale, Pachauri, R.K. et Reisinger, A.GIEC, Genève, Suisse,...,103 pages.

- Goubanova K., 2007 : Une étude des événements climatiques extrêmes sur l'Europe et le bassin Méditerranéen. *Thèse de Doctorat,* Université Paris 6, 119 pages. Site Internet : www.lmd.jussieu.fr

- Heat and discomfort index : document numérique consulté sur :

  http://www.eurometeo.com/english/read/doc_heat

- Hélio international, 2006 : Energie et écodéveloppement en Tunisie. Document numérique consulté sur : www.helio-international.org

- Henia L .1980 : Le sirocco et les types de temps à sirocco en Tunisie – *Revue Tunisienne de Géographie,*n°5, pp.61-87.

- Henia L et Alouane T. 2009 : Les ambiances caniculaires dans les villes tunisiennes : cas de Monastir, Kairouan et Tozeur. *Geographica Technica,* numéro spécial, 241-246.

- Henia L et Aouane T. 2007 : Le principal climato-touristique de la Tunisie. *Publications de l'association Internationale de climatologie,* 20,27-33.

- Henia L., 2008 : Climat et mortalité en Tunisie. *Bioclimatologie et topoclimatologie.* Publication de la faculté des lettres, des arts et des humanités de Manouba .pp 173-182.

- Ellsworth H. 1930: Weather and Health; A Study of Daily Mortality in New York City. *Journal Bulletin. National Research Council* ,1930 No. 75 pp. 161 Site Internet:www.cabdirect.org

- Institut national de prévention et d'éducation pour la santé. 2007 : Fortes chaleurs. Document numérique consulté sur : www.inpes.sante.fr

- Institut national de santé publique du Québec. 2009 : Mesures de lutte aux ilots de chaleur urbains. Site internet : *www.inspq.qc.ca*

- IRDES : Institut de recherche et documentation en economie de la santé, 2011 : Indicateurs d'état de santé. Document numérique consulté sur : www.irdes.fr

- Kalkstein, L. S., and Valimont K M. 1987: Climate effects on human health. In Potential effects of future climate changes on forests and vegetation, agriculture, water resources, and human health.
  EPA Science and Advisory .Committee Monograph no.25389; 1987:122-152. Site internet : www.ciesin.org

- Kortli M. 2009 : Effet du changement climatique sur la sante (humaine) en Tunisie: vagues de chaleur et mortalité. *Mémoire PFE*, INAT-ONME, 153p.

- M'sellem H, Alkama D. 2009 : le confort thermique entre perception et évaluation par les techniques d'analyse bioclimatique – Cas des lieux de travail dans les milieux arides à climat chaud et sec- *Revue des Energie Renouvelables,* Vol. 12 N°3, .417-488. *Site Internet :* www.cder.dz

- Miquel Tremblay. 2003 : Du refroidissement éolien et du humidex (Le ridicule a une température). Document numérique consulté sur : www. ptaff.ca.

- Observatoire Régional de la Santé Nord – Pas- de –Calais. 2009 : *Climat, météo et santé.* Rapport interne, 14pages. Site internet : www.orsnpdc.org

- OMS: Organisation Mondiale de la Santé
  Site Internet : http://www.emro.who.int/emrinfo/index.aspx

- Rajhi M. 1994 : Contribution a l'étude des situations météorologiques exceptionnelles en Tunisie : Etude synoptique. *In La variabilité du climat et l'homme en Tunisie.* Publication de l'université de Tunis I, 85-115.

- Salamon T et Bedel S. 2004 : La maison des néga watts : le guide malin de l'énergie chez soi. *Terre vivante* : 1-76. Site internet : www.alexisdemanche.com

- Salamon T. 2000 : Architecture solaire et conception climatique des bâtiments. *Agence Méditerranéenne de l'Environnement : AME* 2000 : 1-11. *Site Internet :* www.maison-passive.be

- Santé publique, Sécurité de la Chaîne alimentaire et Environnement : Plan vague de chaleur et pics d'ozone 2010. document numérique consulté sur : www.health.belgium.be

- Stéphane Ravache. 2007 : Mœurs alimentaires sexuées dans le monde rural et urbain, *Ruralia* [En ligne], consulté le 19 mai 2011.
  Site Internet : http://ruralia.revues.org/337

- Société Tunisienne d'Electricité et du gaz : Article de presse, document numérique consulté sur le site : www.steg.com.tn

- Takashi Asaeda., Lalith Rajapakse., Jagath Manatunge., Noriya Sahara.2006: The effect of summer harvesting of Phragmites australis on growth characteristics and rhizome resource storage; *Hydrobiologia*; Volume: 553, Issue: 1. Publication: SPRINGER, pages: 327-335.
  Site internet:www.mendeley.com

- Tout D.G. 1980: The discomfort index, mortality and the London summers of 1976 and 1978. *International Journal of Biometeorology. Volume 4, Pages 323-328.* Site Internet: www.springerlink.com

- USEPA, United States Environmental Protection Agency: Ground-level ozone: health and environment 2008. Accessible au: http://www.epa.gov/air/ozonepollution/ health.html. Consulté le 22 Mai 2011

- Weiner J.S. 1964: A note on acclimatization and climatic differences: Their bearing on racial differences. *In: United Nations Educational, Scientific and cultural organization.* Publication UNESCO 1964 Site Internet : *unesdoc.unesco.org*

- William Guy and Cantab M.B. 1843: An Attempt to Determine the Influence of the Seasons and Weather on Sickness and Mortality *Journal of the Statistical Society of London.* Vol. 6, No. 2, May, 1843. Site Internet:www.jstor.org

- World health organization. 2010: Country profiles Tunisia. Document numérique consulté sur *:www.emro.who.int*

TABLE DES FIGURES

TABLE DES TABLEAUX

TABLE DES MATIERES

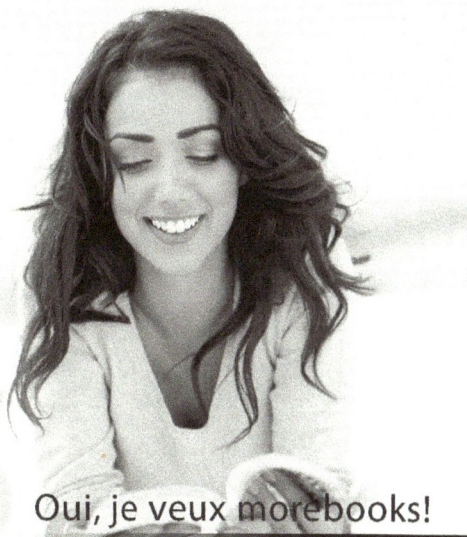

www.ingramcontent.com/pod-product-compliance
Lightning Source LLC
Chambersburg PA
CBHW021119210326
41598CB00017B/1507